NOSTER HONOS
INDE EST
ET MORIS
GLORIA NOSTRI.
CASTORIBVS.
PROTECTORIBVS.
LA
CAVALERIE
FRANÇOISE ET
ITALIENNE
OU
L'art de bien dresser
les cheuaux, selon les pre-
ceptes des bonnes écoles
des deux Nations.
TANT
Pour le plaisir de la Carriere,
et des Carozels que pour le
service de la Guerre
PAR
PIERRE DE LA NOVE
Auec priuilege du Roy.
PARENTI.
FAVITORI.
A LYON.
Par Claude
Morillon Impri-
meur et Libraire
de M.de Mon-
pensier.
MDCXXI.
ALEXANDRO.
CÆSARI.

Notte:
Le Sieur de la Noüe Gentil homme francois a fait
Sur la Cavalerie le Sur les armes quatre Tableaux
Le 1er de Lart de bien dresser les chevaux tant pour
Le manege que pour la guerre, et les tournois;
Le Segond de la maniere dembouchez les chevaux
Ce qui forme un traitté des mords de bride.

Le troisiesme traitte des Haràs.

Le quatriesme de L'anatomie du cheval, les maladies
Et des remedes.

Ce Livre cy ne contient que le premier tableau

je l'ay leu avec attention et pas trouvé les
principes pour dresser les chevaux très bon
Etant bien pratiqués apropos:
il admet pour dresser les chevaux le vray
principe Auquel Il ne faut pour pratter
qui en la Douceur, La deuxfe dua bon
et Sage ecuyer qui travaille dapres les
vrays et anfiens principes de nos Mastres
qui vallent bien nos petits maistres modernes
lui; fa douceur et de temps:
Patientia vincam.

LA CAVALERIE FRANÇOISE ET ITALIENNE,

OV

L'Art de bien dreſſer les Cheuaux, ſelon les preceptes des bonnes écoles des deux Nations;

Tant pour le plaiſir de la Carriere & des Carozels, que pour le ſeruice de la Guerre.

Naïuement repreſentée en quatre Tableaux

PAR PIERRE DE LA NOVË.

PREMIER TABLEAV.

A. LYON,

Par Claude Morillon, Libraire & Imprimeur de M. la Ducheſſe de Montpenſier.

M. DC. XX.

AVEC PRIVILEGE DV ROY.

AVX
CAVALIERS.

I on peut faire entrer les pauures en comparaiſon auec les Princes,
ſans que leurs qualitez en ſoyent offenſées, en tant que tous ſont
hommes raiſonnables & mortels : & ſi *Themiſtocle* publioit que les
trophées de *Miltiades*, le proforçoyent de faire vn trauail ſans repos de ſa vie, pour en eterniſer la memoire au temple d'Honneur ; &
que les hiſtoires & peintures des hauts faits & victoires du *Grand
Alexandre* tiroyent vn fleuue de pleurs des yeux de *Ceſar*, de regret de n'auoir encore
rien fait digne de gloire, en l'âge où l'autre s'eſtoit acquis par ſa valeur tout l'vniuers
pour Empire ; qui pourra blámer ſans enuie l'allarme que le retentiſſement des vertus
des Caualiers, qui ſe ſont immortaliſez auſſi bien par leurs plumes, que par leurs épées,
me donne ſi chaudement, que ie ne reſpire autre deſir, que de faire, à leur patron, voir
à la poſterité, que ie n'ay point voulu viure en beſte, quoy que ie ne parle à preſent que de
cheuaux ? Et s'il eſt vray que celuy-là n'a eu qu'vne vie mornée, qui n'a pas plus laiſſé
de marque d'auoir veu le Ciel, que fait le vaiſſeau qui va, qui vient, & retourne de mer
en autre ; & qu'il faille mettre la main à l'œuure pour grauer ſon nom au liure de mar-
bre de l'Eternité ; & que la fille du temps ſe plaiſe à ſe parer & embellir de toutes bonnes
actions ; pourquoy craindray-ie de m'en approcher, & de luy preſenter vn trait de mon
meſtié, puis qu'elle meſme ſe tient plus honorée de la Caualerie, que de l'Infanterie ?
Me voicy donc, mais imitant la prudence de ces Ethiopiens d'Afrique, qu'*Herodoté*
appelle de longue vie, dont les principaux Magiſtrats & Officiers faiſoyent toutes les
nuicts finement couurir vne prairie proche de leur ville de toutes ſortes de viandes bien
aſſaiſonnées, à fin de rendre leur territoire, qu'ils vouloyent perſuader à tout le reſte du
monde eſtre la table du Soleil, d'autant plus aymable & attrayant, tant à qui n'y faiſoit
que paſſer, qu'à ceux qui y finiſſoyent leurs iours, que chácun y trouuoit dequoy contenter ſon appetit ſans bourſe délier : me voicy dy-ie, me perſuadant auſſi pouuoir ainſi
complaire à tous, & receuoir du plaiſir de leur contentement, repreſentant en ce Tableau
tout ce que les Caualiers François & Italiens prattiquent auiourd'huy de plus beau
pour la perfection du cheual à l'accompliſſement de leurs loüanges ; & comprenant en
peu de pages (ſans affaiterie de diſcours) clairement, pour me communiquer d'autant
plus facilement à ceux qui ne ſouhaittent rien tant que de ſe rendre bons Caualiers, tout

ce qui est contenu de remarquable en plusieurs volumes, dont les moindres des bons se vendent pour le moins dix ducats en Italie, pour en épargner la lecture à qui veut tout voir, & auoir en trois mots, & les frais à celuy qui a plus de volonté de tout acheter, que de moyen d'en payer la moitié. Que si quelqu'vn y trouue bien à propos à redire, & qu'il s'en vueille toutesfois charitablement taire, ie le supplie de me faire paroistre l'effet de sa prudence par la voye de l'Imprimeur, à fin que faisant mon profit de son auis, i'aye sujet d'honorer ses merites, & de rechercher l'occasion de me reuancher de son honneste courtoisie; Ie dy bien à propos, d'autant que ie sçay desia qu'il ne se voit rien de si parfaict parmy les gens d'esprit & d'entendement, qu'il ne soit neantmoins fort défectueux aux yeux de ceux qui ont plus de bouche, que d'éperon; d'enuie, que d'experience; & de ialousie, que de science; à la folie & rage desquels ie laisse la Beauce ouuerte, pour s'y donner carriere iusques à S. Maturin; & la forest des Ardenes libre, pour courir presenter leurs chandelles à S. Hubert, pour mieux faire à leur retour. Et pour preuenir le iugement que les flatteurs des Grands Seigneurs pourroyent donner contre moy, sur ce que ie mets en campagne cette Caualerie sans l'aueu de quelque Monarque, ie produis pour ma iuste défense deux respects bien considerables; le premier est, que n'appartenant qu'à l'Aigle de s'approcher quand il luy plaist de Iupiter, sans en craindre les foudres; que ie ne dois pas, comme petit oysillon que ie suis, quitter la paix du village, pour m'enuoler plus promptement que prudemment à la felicité de la Cour, de peur que quelque Tiercelet d'Autour affamé ne se fondist si viuement sur moy, qu'il ne me fist perdre bat & aisles auant que d'en auoir seulement apperceu les girouettes: & le dernier, que Mars, à qui est le Cheual consacré, ne se contentant pas d'vne demie victime, que le Dieu que i'adore ne voudroit non plus que luy voir ny receuoir ce dessein pour vn parfaict témoignage de mon humilité, n'estant que le commencement de l'ouurage, dont les quatre ferôt le tout. Et partant, concluant que ce m'est encore trop d'honneur de la faire marcher sous l'ombre de ses Lys, & par son Priuilege, ie me tiendray en mes vœux, clos & couuert du silence, iusques à ce que le temps m'ait donné le moyen de la parfaire, & l'asseurance de la sacrifier aux pieds de son Inuincible, tres-Iuste, & tousiours triomphante Majesté, comme le plus humble & obeissant de tous ses subjets & seruiteurs.

L'Imprimeur aux Marchands estrangers.

ENcore qu'il ne soit pas défendu de faire son proffit à qui le peut; si est-ce toutesfois, qu'il n'est pas permis de le faire au preiudice d'autruy; & pource prie-ie tous ceux qui, sans cét auis, voudroyent faire le leur à mes dépens, contrefaisant ce premier Tableau de Caualerie, de s'en deporter iusques à ce qu'ils voyent la fin du quatriéme, où ils pourront lire les Priuileges de leurs Princes, touchant la Traduction mesme de tout l'œuure, aussi bien que le present du Roy Tres-Chrestien, qui ne feront moissonner aux contreuenans, que repentir & dommage, au lieu de ioye, de gain, & d'honneur.

LA
CAVALERIE
FRANÇOISE ET
ITALIENNE,
OV
L'ART DE BIEN DRESSER
LES CHEVAVX, SELON LES PRECEPTES
DES BONNES ESCOLES DES DEVX NATIONS,

*Tant pour le plaifir de la Carriere, & des Carozels, que pour
le feruice de la Guerre.*

Des manteaux, balzanes, & autres marques
exterieures des Cheuaux.

TITRE I.

HACVN fçait que le Cheual eft compofé des quatre Elemens: mais peu
entendent bien comme ils le maintiennent en fa perfection par leurs propres & particulieres qualitez également peflemeflees ; ce qui me faict dire,
que le feu contribue à fa generation, fa chaleur & ficcité; l'air, fon humidité
& fa chaleur ; l'eau, fa froideur & fon humidité ; & la terre, fon aridité & fa
froideur ; fous la predomination defquels il eft naturellement ou colere, ou
fanguin, ou flegmatique, ou melancholique, plus & moins felon que la nature luy en fournit
de matiere, qui s'eft pleuë d'en reuétir quatre efpeces d'autant de differentes couleurs, pour
nous faciliter la connoiffance tant de leurs humeurs & inclinations, que de leurs forces;
nous fpecifiant par la robbe rouge de l'vne, le feu & la colere ; par le manteau bay de l'autre,
l'air & le fang ; par la blancheur de la troifiéme, l'eau & le flegme ; & par la liuree noire de la
quatriéme, la terre & la melancholie.

Et pour mieux découurir fes fecrets à nos fens, & à noftre iugement, elle nous a fignalé
l'eftime qu'elle faict de chaque indiuidu de ces efpeces, par la viuacité & terniffement de leur
teint, donnant fous l'empire du feu, le prix de fon poil à l'Alezan bruflé, au dire de ces pro-
uerbes François & Efpagnol : Alezan bruflé, pluftoft mort que laffé : *Alazzan toftado antes*

A

muerto que cancado ; le faisant colere, fougeux, de grand' haleine, infatigable, & parfaictement bon à la campagne ; & doit estre doüé de crins roux & frisez, auoir les extremitez noires, & le dos parsemé de quelques poils blancs, pour faire paroistre que le feu de sa complexion est temperé, par la prouidence de son humidité.

L'Alezan clair le suit de pres en bonté, mais la colere luy faict meilleure compagnie que le sang, & porte (comme on dit) communément la raye de mulet sur le dos, les crins blonds & roux, & la queuë noire, entremeslee d'autres couleurs, pour preuue de la bonne disposition de sa bile, qui s'efforce continuellement de se placer sur les plus hautes parties de cét animal.

Il y a vne autre sorte d'Alezan entre le brun & le clair, qui est naturellement sauteur & dispos de ses membres, mais bizare & fantasque, qui pour estre bien marqué, doit estre balzané aux pieds de derriere, & auoir les crins blancs, & le dos moucheté, pour témoigner que son cœur & son foye se sont déchargez de l'excessiue colere qui autrement les embraseroit.

L'Alezan obscur a esté iusques icy fort peu estimé de plusieurs bons Caualiers, à cause que la nature l'a fait trompeur ramingue & vitieux, impatient, & consequemment indocile & obstiné en ses fantasies, ioint qu'il ne peut ny ne veut receuoir les aydes non plus que les chastimens des éperons en bonne part, quoy que ce soit l'vne des conditions qui surhausse en tous lieux le prix du cheual.

Or bien qu'on die communément qu'il y ait de tous poils bons cheuaux, aussi bien que de bons leuriers de toute taille; si est-ce que les plus experimentez tienent d'vn commun consentement, que le Bay chatain surpasse tous les autres en perfection & bonté, & que la colere qui l'accompagne purifie & desseiche tellement la superfluë humidité de son sang, qu'elle le rend assez sensible, & d'assez bonne volonté, valeureux, vigoureux & hardy, ne s'épouuantant ny pour blesseure qu'il reçoiue, ny pour quelque perte de sang qu'il face, & l'estiment grandement balzané seulement au pied gauche, attendu que telle marque signale la gentillesse de son cœur, & ayant les autres extremitez noires, l'étoile au front qui luy descende iusques sur le nez, auec la raye noire tout le long de l'eschine, comme signes euidens, que le foye, le cerueau & la ratte se sont purgez de toutes mauuaises humeurs pour se fortifier en vn bon temperament.

Le Bay doré est selon la demonstration de son poil, vif & ardent; à raison de quoy il doit auoir le dos parsemé de blanc, les extremitez noires, & le nez marqué de l'étoille qui boit, pour faire voir que la seicheresse ny la chaleur naturelle qui predominent en luy n'ont encore consommé toute son humidité.

Le Bay clair est naturellement adroit & sauteur, differant seulement en son temperament du gris pommelé, en ce qu'il tient autant du chaud & sec, que le pommelé du sang & de l'humide; il doit auoir le dos rayé, les crins gros & épais, l'étoille au front, & les deux pieds de derriere balzanez, pour representer que la chaleur naturelle a desseiché la superfluité de son flegme; le cheual de Bellerophon a enrichy ce poil, au rapport des Poëtes qui l'ont mesmement aislé, pour mieux décrire sa vitesse & dexterité.

Le Blanc, vray portrait de l'eau, de son humidité & de sa froideur, est d'humeur lache & foible; & encore qu'il s'en trouue quelques fois d'assez vigoureux & de bonnes forces; si sont-ils neantmoins le plus souuent doüez de quelque vice, qui les rend de peu de prix parmy les bons Caualiers.

Le Noir, domicile de la melancholie, est ordinairement malicieux, vindicatif, & d'autant plus vil qu'il est noir, à cause du peu de sang qu'il a, & s'appelle coleric adust, ayant les flancs roux, & moreau, lors qu'il les a noirs, participant du flegme & de la melancholie : Et quoy que les Espagnols le prisent extremement **Zain**, & qu'ils luy facent porter cette deuise pour signal de sa perfection, *Morzillo Zitto y sin senal, mucos lo queren, y pocos lo han.* Plusieurs cherchent le moreau Zain, & peu l'ont, si est-ce que iamais ne fut que les Italiens, non plus que les

François

François, ne l'ayent touſiours pos-poſé à celuy qui a eu l'étoille au front, le pied gauche, & le droit méme de derriere balzanez, & les flancs & le boyau quelque peu parſemez de poils blancs.

De ces quatre premiers poils la nature en a faict vn meſlange, dont elle en a qualifié pluſieurs cheuaux, ainſi que nous voyons qu'elle fait porter le blanc & le noir au gris pommelé, pour enſeigne d'vne humeur flegmatique & melancholique, & par conſequent d'vne peſanteur & foibleſſe extreme, qui le feroit mal receuoir en tous lieux, n'eſtoit que l'experience le fait voir le plus ſouuent ſanguin & flegmatique, de grande aleine, & de bon trauail, plus propre pour la campagne & pour la guerre, que pour quelques menus paſſe-temps & pourmehades, pour eſtre bon coureur, de grande force, ſenſible & de longue vie; & peut-on le mettre au nombre des parfaittement bons, lors qu'il a le dos tauelé de noir, d'autant que tels ſignes monſtrent que ſa chaleur naturelle a diſſipé les fumeuſes vapeurs, qui s'éfforçoient de ſuffoquer les facultez de ſes parties nobles.

Le gris d'Eſtourneau, tient du chaud & de l'humide, & eſt le plus ſouuent láche & de peu de nerf, à cauſe que la chaleur qu'il poſſede s'en va en vapeurs, & fait que la vigueur luy mánque au beſoin, & que ſes eſprits ſe refroidiſſent tellement, qu'il ne reconnoit pas meſmement le mords ny l'éperon.

Le gris blanc eſt accompagné de ſang & de flegme, & doüé de grande vigueur & ſanté, & arriue communément au poinct de la perfection par ſa facilité & franchiſe, & ne manque que de veuë & d'ongles pour eſtre preferé à tous autres en bonté.

Le gris laué monſtre par ſa couleur ſemblable à la cendre, qu'il eſt naturellement colere & melancholique, & eſt aſſez aymable, portant la raye de mulet ſur le dos, parce qu'elle ſignifie que ſa bile a vomy ſa colere, & ayant les parties baſſes bien vergées de rayes noires; & tirant ſur le poil de cerf, il ſera d'autant plus eſtimable, que plus il aura la teſte noire, & ſera coûtumierement viſte & de grande aleine.

Le gris louuet eſt de ſon temperament melancholique & peſant (quoy qu'il s'en rencontre auſſi d'aſſez legers & de bonne eſquine) ainſi qu'on peut reconnoiſtre par la couleur qu'il reçoit du meſlange du ſang aduſt & du flegme qui le domine, ce qui eſt cauſe qu'il n'eſt pas de longue vie, parce que le peu de chaleur naturelle qu'il poſſede, ne peut ſubſiſter longuement parmy vne ſi grande froideur.

Le Fauue eſt fort peu priſé des bons Caualiers, tant parce qu'il a naturellement mauuaiſe veuë, que pour n'eſtre pas de beau rencontre, encore qu'il ſoit ordinairement viſte, de grande aleine & de longue vie, pour eſtre aſſiſté de peu de flegme & bien temperé de ſang.

Le teſte de More, qui eſt vne eſpece de Roüan, & duquel les Eſpagnols diſent: *El caueca de Moro ſi tu vieſſe vnghia valria mas que l'oro*, Teſte de More, ſi tu auois de bons ongles, tu vaudrois mieux que l'or; eſt communément ſuperbe & deliberé, & doit auoir la teſte & les extremitez noires, les flancs mouchetez, & la queuë parſemée de blanc & de rouge.

Le vray Roüan tire ſa couleur blanche & rouge d'vn ſang mal cuit, & d'vn flegme mal digeré, d'où on preiuge qu'il eſt d'humeur colere & flegmatique, & partant bizare, foible, vitieux, traiſtre, & de peu de memoire, iaçoit qu'il s'en trouue toutesfois d'aſſez paiſibles, de bonnes forces, & attentifs à la volonté de leurs Caualiers.

Les Pies ſont naturellement bizares, cauteleux, ennemis de l'homme, retifs, & de peu de force, ainſi qu'on peut iuger ſur l'apparence des grandes marques & balzanes qu'ils portent, leſquelles monſtrent pareillement pour proceder d'humeurs intemperees, qu'ils ont le plus ſouuent faute de veuë; & tient-on que les meilleurs ſont ceux qui tirent plus vers le brun, que vers le noir, témoignant par telle couleur eſtre aſſiſtez d'vn aſſez gracieux temperament.

A propos des balzanes, & parce quelles procedent d'vne ſuperfluité d'humeurs corrompuës, & par ainſi qu'elles affoibliſſent les membres ſur leſquels elles ſe placent, on peut dire

A   2

qu'elles sont mauuaises d'elles mesmes, & neantmoins bonnes par accident, parce qu'elles desseichent & temperent és parties basses cette superfluité qui les rend blámables en elles mesmes.

Les remolins & épis prouiennent ou d'exalaison d'vne humeur seiche & fumeuse, ou d'vne vapeur froide & humide : ceux qui se font d'exalaison, qui a cette proprieté de purifier & desseicher l'immoderée humidité du cheual, se logent tousiours sur les plus hautes parties, comme sur la teste, le col & les hanches, & ceux qui s'engendrent de vapeur, se retirent à la poitrine, au ventre, & aux parties basses qu'elles affoiblit par son humidité & froideur.

Mais parce, qu'il n'y a reigle si generale qui ne reçoiue quelque exception, ie dis qu'il ne se faut point tant fier au rapport du poil, qu'on y doiue perpetuellement assoir vn iugement infaillible & irreuocable, d'autant qu'il s'en trouue plusieurs de chaque espece, qui démentent souuent leurs robbes, ou par les effets de leur naturelle bonté, ou par ceux de leur mauuaise inclination, ou à faute de forces; de sorte que pour ne se point tromper en sa consequence, il n'est rien tel que de la tirer tant de leurs actions que de leurs marques.

Car comme celuy-là se trouueroit sans doute fort éloigné de la verité, qui voudroit maintenir indifferemment que tous Alezans sont naturellement coleres, impatiens, fougeux & de bonne esquine, attendu qu'à l'experience on en a conneu beaucoup d'vn naturel stupides, pesans, laches, foibles & du tout desaggreables; Que tout Bay est tousiours sanguin, sensible, vaillant, hardy & docile, sans auouër aussi qu'il y en a d'humeur bizares, ombrageux, ramingues, & tout a fait retifs; Qu'il n'y a point de cheuaux blancs qui ne soyent debiles, sans cœur & sans courage, rejettant ceux de ce poil, qui font bien parler d'eux par leurs forces & vigueur au preiudice de leur humide manteau : Que generalement tout cheual noir est melancholique, vil, & malicieux, sans excepter ceux qui se trouuent douez d'allegresse & de gentille humeur : Ainsi de mesme celuy se fouruoiroit des principes de Physique, qui voudroit asseurer que tout cheual d'Espagne est colere, fort, hardy, braue & courageux, & d'vn temperament chaud & sec, conformément à celuy du lieu où il est né & éleué, parce qu'en effet il s'en rencontre plusieurs flegmatiques, apprehensifs, foibles & poletrons; Que le Barbe est tousiours de longue aleine, bon à la guerre, sensible, vigoureux, sain & vif, puisque l'vsage nous faict voir & toucher au doigt & à l'œil, qu'il y en a quantité de si delicats, qu'ils ne peuuent supporter vne fatigue, & beaucoup de paresseux & melancholiques qui ne vont que comme on les pousse, ny ne se reueillent qu'à coups d'éperon : Que le cheual d'Italie est perpetuellement obeïssant à la volonté du Caualier, de bon nerf, patient aux chastimens, plaisant à la main, & capable de receuoir toutes sortes d'airs & maneges, si tant est qu'il s'en voye bien souuent de ramingues & obstinez en leurs caprices; de si superbes, qu'ils ne prenent ny aydes ny chastimens en bonne part; de si vicieux qu'ils n'ont forces que pour porter leurs hommes par terre, & de si entiers en leurs fantasies, qu'ils ne font que ce qui leur plaist : Que tout roussin d'Allemagne est naturellement flegmatique, pesant, endormy & melancholique, tant à cause de l'air & de sa nourriture, que du lieu de sa naissance qui est froid & humide, puis qu'à la verité il s'en trouue en grand nombre de coleres, sensibles, & dispos, d'impatiens & vindicatifs, de vigoureux & neantmoins déloyaux.

C'est pourquoy ie tiens pour conclusion, qu'on peut seulement coniecturer, & non pas iuger au vray des inclinations naturellement bonnes ou mauuaises des cheuaux, de quelque lieu qu'ils soient, chauds ou froids, par la simple apparence de leurs robbes, ny par la demonstration des étoilles, balzanes, grandes ou petites, remolins, épis, épée Romaine, pieces d'autres couleurs que celles de leurs manteaux, en quelque part qu'elles y apparoissent, ny par le rencontre des yeux verons & inegaux, ny autres marques exterieures, & qu'il n'y a que leurs œuures & effets qui puissent naiuement & au vray donner vne entiere connoissance de leur nature, force & inclinations.

DE

De la beauté de chaque partie du Cheual.

TITRE II.

D'Avtant qu'vne belle ame se loge rarement en vn laid corps, & que la beauté nous conuie & nous porte en mesme temps à bien iuger du sujet où nous la voyós regner; & au contraire méprifer celuy qui en est dépourueu, de telle sorte que nous croyons le plus souuent que peu de vertu se rencontre en vn corps mal basty, & desauenant à nos yeux : cela fait que quand nous voyons vn cheual beau de rencontre, bien fait & formé en tous ses membres, que nous nous asseurons tout aussi tost que la nature n'aura rien oublié à la perfection de son courage & generosité, & qu'elle aura esté pluftost iniufte maratre que bonne mere à celuy qui manque de beauté.

Si bien que marchant ainsi de l'exterieur à l'interieur, nous preiugeons que le beau est né seulement pour le seruice des plus valeureux Caualiers en guerre & en carriere, & le laid pour la charge, & la charrette : Ce qui a fourny de tout temps de curiosité & de louable desir à tous ceux qui ont aymé & chery la Caualerie, & qui s'en honorent encore auiourd'huy d'en éleuer quantité, & de se monter toufiours sur les plus nobles qu'ils ayent peu posseder pour leur argent, à fin de iouïr du plaisir & de la commodité tout ensemble d'vn animal, si parfait & necessaire.

Et parce qu'il arriue peu souuent qu'vn mesme corps soit douë de toutes les graces de la nature, qui s'est pleuë d'en faire part indifferemment à toutes sortes de creatures ; les plus speculatifs voulant representer au vif toutes les qualitez qui accomplissent en beauté chaque partie du cheual, ont emprunté & employé ce que plusieurs animaux portent de beau & de parfait en leurs especes, pour l'en enrichir & le rendre aymable : Car apres en auoir proportionné le corps à ses pieds, & la teste & le col, à l'vne & à l'autre de ces parties, ils sont venus à particulariser sur tout ce qui fait au merite de chacune en particulier ; & commançans par la teste, ils l'ont décharnée pour la décharger comme celle du mouton, pour mieux representer l'absence de l'abondance du flegme ; fait le front large & tenant du cercle pour marque d'vne humeur superbe & furieuse ; ils luy ont donné deux gros yeux noirs & brillans, comme ceux du bœuf & du loup, pour découurir la syncerité de son ame & la generosité de son courage : & planté deux petites & pointuës oreilles sur la teste, pour signaler par leur droiture & éleuation, l'attrempance de son humidité ; & l'abondance de sa chaleur & siccité ; ils l'ont déchargé de ganaces & de machoires, à fin de le mieux brider, luy affiner l'appuy de la bouche, & de luy faire porter la teste en beau lieu : Ils luy ont fort ouuert les narrines, pour luy faciliter d'autant plus la respiration ; lesquelles ils ont vermillonnées pour faire paroistre la viuacité de ses esprits vitaux, & la force de sa chaleur naturelle : Ils luy ont fendu mediocrement la bouche, pour y loger plus commodement l'emboucheure ; fait la langue longue, delicate, subtile & fretillarde pour s'en iouër seulement, & non pour s'en defendre les barres & empécher le bon appuy de la main ; & la bande petite & seiche, à fin d'y mieux arrester la gourmette, & d'en receuoir l'effet qu'ils en attendent : ils luy ont formé le col long, déchargé, grélé pres de la teste & débandé pour la luy mieux ramener, lequel ils ont embelly de crins longs, crespez & éparpillez, pour vn asseuré témoignage de force, de vigueur, & de bon temperament ; fait la garot haut & droit, & si bien dilaté qu'on puisse aysement voir la separation dés épaules ; l'esquine courte & ronde pour luy faire mieux vnir ses forces & se comporter plus gaillardement en ses actions & mouuemens ; le boyau gros & rónd, & proprement logé sous les costes, à fin d'en cuire & digerer mieux ses alimens, & d'en estre plus aisé à retenir sous la selle ; la poitrine enflée comme le iabot d'vn pigeon, & large comme la iube ou le deuant d'vn lyon, pour monſtrer l'aſſiſtance de la chaleur naturelle & la viuacité de ſes eſprits ; les hanches larges, pour s'y mieux appuyer ; la croupe ronde & cauë par le milieu ; le tronc de la quëue long & & ſec, & bien fourny de poil, pour marque de nerf & de bonne eſquine ; ils luy ont donné les iarets & faux du cerf, pour plus preſtement courir ; les ioiatures des genoux & des parties baſ-ſes du bœuf, à ſçauoir groſſes & nerueuſes ; les páturons cours, & non plus courbez que les a la cheure, pour s'y maintenir fort & ferme ; & fait la couronne des mains & des iambes ſubtile & peu étoffee de poil, pour en repreſenter l'abſence de l'humidité; la corne ſeiche, noire, liſſée, creuſe & ronde, & luy ont éleué le talon, pour mieux depeindre ſon agilité & legereſſe : Bref aucun Caualier n'a épargné ſon induſtrie pour richement parer cette noble creature, car l'vn luy a ſouhaitté l'oreille, la quëue & le trot du renard ; l'autre l'œil & le boyau du loup, qui le courir, le ſauter & le tourner du lieure, & qui l'eſquine, la bouche & les pieds du mulet, quel-ques vns la poitrine & le cœur du lyon, quelques autres le deuant & le derriere, le pas & la dou-ceur de la femme, & d'autres qu'il releuaſt les pieds en matchant comme le coq, & qu'il man-geaſt & s'engreſſaſt comme le porc, à fin de mieux conſeruer ſa chaleur naturelle, & tous en-ſemble ne luy ont deſiré tant de perfections, ſinon qu'ils ont creu que tout ce qui eſtoit natu-rellement beau, eſtoit par conſequent bon, & que la beauté du corps eſtoit, le coing & le clair miroir qui repreſentoit le mieux au vif la bonté & les merites de l'ame.

De la bardelle, & comme il la faut donner au Poulain.

TITRE III.

C'EST vn dire aſſez triuial, que ce que poulain prend en domteure, qu'il le retient autant qu'il dure, & partant doit-on ſoigneuſement employer l'œil, le iugement & la main à le mettre droit au chemin qu'on luy doit faire prendre pour le reduire à raiſon, & le ſoumettre à l'obeïſſance du Caualier : Car comme pour mal enfourner on fait les pains cornus, auſſi pour le mal entreprendre & commencer à l'inſtruire, on le détruit de telle ſorte, qu'au bout du temps de ſon apprentiſſage, & qu'il deuroit bien faire eſperer de ſon naturel & de ſes forces, on le voit deſia ou retif, ou entier, ou auec vne diſgratiee poſture de teſte, ou de col, ou pour tout dire, tout à fait rebuté & ruiné.

Et d'autant que ce malheur procede auſſi toſt de l'incapacité & impatience du Caualca-dour que de la mauuaiſe inclination du poulain, qui ſe voyant attaché a ſa diſcretion, n'épar-gne ny courage ny force, pour ſe degager de ſes mains, & en fuïr la diſcipline, & ne reſpirant que ſon auant liberté ſe parforce par tous moyens & tant qu'il ſe ſent de vigueur, à s'en defaire à quelque pris & peril que ce ſoit ; il faut premierement qu'il s'arme d'vne grande & conti-nuelle patience qui l'empeſche d'en venir aux priſes auec luy, pour quelque mauuaiſe volonté qu'il luy témoigne par ſes premiers & rebelles déportemens, ſe repreſentant perpetuellement qu'il n'y a que l'incertitude du bien & du mal qui luy face fournir tant de trauerſes pour ſe dépeſtrer de ce qui s'imagine en ce changement de train, eſtre pluſtoſt le commencement d'vne cruelle tyrannie, que d'vn doux & plaiſant gouuernement, parce que ſi la retenuë luy échappoit iuſques à en venir à quelque vengeance, les coups qu'il en reccuroit feroient, qu'il ſe confirmeroit tellement ceſte apprehenſion en ſon foible iugement, qu'il la retiendroit à iamais pour vn veritable ſupplice, & n'occuperoit de là en auant ſon eſprit qu'à inuenter con-tinuellement nouueaux moyens de le confondre, comme celuy qu'il croiroit eſtre pluſtoſt ſon mortel ennemy, que ſon ſage maiſtre.

Le

Le Caualcadour donc pourueu de cette vertu, commencera & pourfuyura fon entrèprife heureufement en vfant d'autant de douceur, que fon poulain de refiftance, qu'il fera tirer hors de l'écurie, & fe l'amener en quelque lieu écaité d'icelle, où il aura fait planter vn bon pilier, auquel il le fera tenir attaché de telle forte que la corde du milieu du cauefson de corde , fasse trois tours tout autour d'iceluy, & que l'homme qui la tiendra ferme, iufques à ce qu'il luy ait mis & doucement fanglé la bardelle pour cette premiere fois, la luy puisse rendre tout belle-ment, ou le retenir commodement venant à fauter, ruer, & faire quelques autres impetueufes actions pour s'en pouuoir défaire ; puis luy ayant laissé quelque temps ietter les feux de fa colere, & confidérer paifiblement fon equipage, s'il le trouue en eftat de le pouuoir pourme-ner fans efcapade, il l'oftera tout à fait du pilier, prenant les cordes en main , & le caressant le plus qu'il pourra, pour l'obliger de le fuyure fans étonnement & fans apprehenfion d'aucun déplaifir, tenant pour maxime tres-veritable que tout ce qui luy eft inconneu, luy eft pareile-ment fufpect, & que s'il le harceloit en ces incertitudes , qu'il le feroit refoudre à fe defendre tellemét de fa fubiection, que par apres tout fon artifice ne luy pourroit iamais faire perdre la memoire de ce premier déplaifir, qui le porteroit à la fin à vne ruine toute euidente.

Et apres en auoir tiré accortement tout ce qu'il aura peu de bon auec fon homme, qui ne le doit point abandonner, à fin de luy ayder au befoin, il le remenera plaifamment à l'écurie, où luy oftant la bardelle & le cauesson il le flattera fort, en luy passant legerement la main fur le dos, & le vifitera d'heure en heure ce iour là, pour luy faire connoiftre par fon bon traitte-ment, le defir qu'il aura de le conduire à raifon par la voye de douceur, & le bouchonnera luy mefme quelque peu apres que le paléfrenier l'aura étrillé, & luy prefentera le bouchon à ma-cher, à fin de découurir la malice qu'il coûuera en fon cœur, eftát vn figne tres asseuré de cole-re & de vengeance s'il le prend & l'eftreint à belles dents , s'en bat les ioües , & le foule aux pieds, comme c'eft au contraire vn témoignage d'vne franche volonté s'il s'y ioüe, ou le man-ge fans aucun artifice.

Mais s'il arriue qu'il fe tourne d'vn cofté & d'autre penfant y rencontrer fa liberté, le Ca-ualcadour fe retirera au pilier le mieux qu'il pourra, tout aussi toft qu'il luy aura donné la bar-delle, à fin de luy rendre autant de corde qu'il en fera befoin pour fe tourner librement du co-fté qu'elle fe pourroit redoubler à l'entour d'iceluy, de peur que s'y iettant furieufement, il ne fe forçaft & fauçaft le col; & pour le retenir en telle fubietion qu'il meritera prenant celuy par où il pourroit defaire les trois tours de la corde, s'il ne les y conferuoit en tournant autant de fois qu'il fera ; & ainfi ioüant à qui trompera fon compagnon, il fe voira bien toft & fans danger maiftre du fien, d'autant que n'ayant point appris au pres de fa mere en campagne li-bre & ouuerte, à tourner en fi peu d'efpace, la capacité de fon foible cerueau ne pourra four-nir longuement à des tours fi condamnez, pour le fujet defquels il fera contraint ou de s'arre-fter tout court, ou de changer fon galop entrecouppé de ruades & d'ébalançons, en vn petit pas ; ou d'vn reuers changer de main pour donner cours à fes caprices & boutades, fur laquel-le ne trouuant pas plus de remede ny de plaifir que fur l'autre, il faudra par necessité que fes forces affoiblies, & fon courage vaincu par la patience de fon Caualcadour cedent à fa pru-dence & fe rendent à fa mercy, qui pour bien vfer de fa victoire luy portera de l'herbe dés qu'il le voira arrefté, & en la luy donnant il fe tiendra à coftiere, de peur qu'il ne fe dreffaft contre luy & ne le renuerfaft par terre, s'il s'y prefentoit face à face, & s'il la prend en bonne part, il tachera tandis qu'il la mangera, de luy passer la main fur le col & fur la tefte, pour les premiers effets de fa clemence : mais s'il la refufe en le regárdant de trauers & chauuissant des oreilles, ou les tenant droittes , & la tefte haute, comme quand il voit quelque chofe qui luy porte ombrage, il faut qu'il fe prenne bien garde de luy, & qu'il fe retire au pilier le plus accor-tement qu'il pourra, parce que c'eft chofe tres assenrée qu'il ne fera arrefté que pour refpirer, & pour penfer quelque nouueau moyen de luy donner bien de la peine à le vaincre.

Et

Et à fin qu'il ne les puiſſe offenſer du derriere, il luy fera lâcher la corde ſi longue qu'il
ne puiſſe tirer iuſques au pilier, où tant plus qu'il y aura de liberté, tant moins y aura-il de
danger pour tous: Car ſon intention n'eſtant que de leur échapper, ils ne doiuent point
craindre qu'il s'en approche, ny qu'il reçoiue autre déplaiſir de leur part, que celuy qu'il
en voudra prendre luy meſme, & par conſequent qu'il ne les bleſſera du derriere, non
plus que du deuant: Et pour farouche & obſtiné qu'il paroiſſe, il ne luy monſtrera ny
chambriere ny gaule, ſe ſouuenant que les poulains ne s'appriuoiſent iamais par braua-
des, non plus que les beſtes ſauuages à coups de baſton, ains luy fera autant de careſſes de la
voix qu'il pourra, pour appaiſer ſa colere, durant laquelle il le retiendra patiemment au pilier, & ne l'en retirera point qu'il n'ait repris ſon bon ſens, & ne ſe ſoit laiſſé facilement
approcher.

Au lieu de ce pilier les Italiens ſe ſeruent ou de la force de deux hómes, ou d'vne boucle de
fer cramponnée dans vne muraille; & quand ils y employent les bras de ces hommes, ils veulent que l'vn & l'autre tienne les cordes du caueſſon le plus pres de la teſte du poulain qu'ils
peuuent, tandis que le Caualcadour luy met la bardelle, & iuſques à ce qu'il ait le bout de celle du milieu en main auec eux, s'ils redoutent ſa force & ſa malice, à fin qu'il ne leur eſchappe,
& qu'il puiſſe gambader à ſon plaiſir ſans encourir autre riſque, & puis venant à manquer d'a-
leine & de force pour effectuer les forces de ſon courage, ils le pourmenent quelque temps par
le droit & le remmenent à l'écurie: Et quand ils l'attachent à cette boucle de fer, ils le rangent
le plus pres de la muraille que faire ſe peut, où ils le retiennent par force iuſques à ce qu'il ſoit
bardelé, puis luy ayant laiſſé paſſer ſa furie, ils l'en retirent, l'vn tenant & tirant la corde
du milieu du caueſſon à cinq ou ſix pas deuant luy, & les autres l'animant à le ſuyure, &
apres l'auoir fait cheminer tant que bon leur ſemble, ils luy vont oſter ſa bardelle à
l'écurie.

Mais d'autant que l'experience m'a appris que le poulain ſe voyant ainſi pres de ſes
ennemis n'épargne ſes pieds ny ſes eſprits pour s'en dépeſtrer, & qu'il s'en trouue de ſi
ruzez & vindicatifs, que venans à s'imaginer qu'ils ſont ainſi retenus pour perdre tout à
fait leur liberté, qu'ils feignent de reculer, & tout d'vn coup s'eſlancent ſur eux, auec
tant de colere & d'impetuoſité, qu'ils les bouleuerſent par terre le plus ſouuent, ou du
moins le trauerſent tellement qu'ils ſont contrains de ceder à leur furie, pour ſe ſauuer
eux meſmes de leurs dents auſſi bien que de leurs ruades; & qu'il y en a d'autres ſi ca-
pricieux & ſoupçonneux, qu'au lieu de prendre patience à cette bouche, & d'attendre patiemment ce qu'on leur voudra faire, qui ſortent ſi éperdument d'eux meſmes, que s'ils
ne peuuent forcer celuy qui leur donne la bardelle à les quitter, que tout à l'inſtant qu'il
les a ſanglez, choquent ſi rudement la muraille, & s'y battent la teſte qu'ils en ſortent
eſtropiez de ceruelle pour toute leur vie, ou ſe font tant de force en tournant deça &
delà, qu'ils s'y faucent le col, & en reçoiuent vn vray moyen de ſe faire durs & entiers à quelque main; cela m'oblige d'en laiſſer la practique libre à quiconque voudra
la hazarder, au peril d'en eſtre eſtropié ou du moins bien bleſſé, ayant à faire à quelque poulain ennemy capital de l'homme, ou de le perdre & ruiner penſant l'aſſeruir à ſa
volonté.

Suppoſé donc que le Caualcadour en ait fait tout, ou vne bonne partie de ce qu'il ait voulu ce premier iour là, & découuert par ſon bon traittement beaucoup de ſes volontez, il le fera
amener le lendemain au meſme pilier s'il eſt d'humeur docile, & s'il s'y eſt auparauant reduit
ſans grande côteſtation: mais s'il craint qu'il l'ait remarqué pour ſon fleau, & qu'il n'en vueille
pas approcher, il le fera conduire en vn autre lieu, où il y aura deux piliers diſtás l'vn de l'autre
de trois pas, à chacun deſquels il attachera l'vne & l'autre corde du caueſſon, & puis le l'y careſſera de la main & de la voix, & ſelon qu'il s'y aſſeurera, il prendra le temps de luy mettre

B

la bardelle le plus doucement qu'il pourra, à fin de le moins étonner, & apres l'auoir fanglé
il fe retirera à l'vn des piliers, & paffera fouuent de l'vn à l'autre pardeuant luy, comme s'il
eftoit entre ceux de l'écurie, en luy donnant vn peu d'herbe & le flattant, à fin de luy ofter
tout foupçon & fujet de s'y allarmer ; & connoiffant à fon affeurance, qu'il le pourra pourmener fans inconuenient, il le détachera d'vn pilier, & luy alongera la corde de l'autre, pour
fonder plus viuement fon intention, & perfiftant ainfi en fa bonne volonté fans fe mettre
en fougue, il l'oftera de l'autre pilier en le flattant fort, & le pourmenera paifiblement là où
il voudra, & tant qu'il luy plaira, puis le menera reconnoiftre le pilier, où il luy aura donné
la bardelle la premiere fois, là où il la luy leuera en luy faifant careffe pour le luy appriuoi-
fer, & puis l'emmenera à fon écurie: ce qu'il doit continuer iufques à ce qu'il pretende le pouuoir monter fans peril, & fans le par trop partroubler, & le fangler tous les iours petit à petit
de plus en plus, à fin qu'apres que le temps & fa prudence l'auront releué de fes douteufes
imaginations, il fe laiffe gouuerner paifiblement fous l'efperance d'vne mefme compofition,
& l'attente d'vn femblable traittement.

Comme il fe faut comporter pour monter le Poulain fans danger.

TITRE IV.

NCORE qu'on tienne, que qui a bien commencé, a demy fait, & qu'il femble que
le Caualcadour ait defia comme à demy éteint les feux de fon poulain, par fa patience ; fi eft-ce qu'il n'en eft encore iufques icy, qu'à la leçon qui enfeigne que celuy là n'a pas fait qui commence: car outre la bardelle bien fanglée, & fon caueffon
bien en tefte, fi faut-il qu'il ait pourueu à le renforcer d'vne bonne & forte corde longue de
fix pas pour le moins, & à fe faire accompagner de quelque homme robufte, bien entendu en
cét exercice, & qui ait bons pieds, bons yeux, & bons bras, tant pour en pouuoir retenir la fougue & furie fur fes fauts & ebalançons, que pour les preuoir & l'auertir de fe tenir preft à les receuoir, d'autant que s'il le penfoit mettre fans fecours, & croyoit le pouuoir feul maiftrifer, il
fe trouueroit bien toft à bas en propre perfonne pour le moins, fi tant eftoit qu'il euft à faire à
quelqu'vn de grand courage, & d'affez de force pour en faire voler les effets.

S'eftant donc ainfi fortifié contre le mal qui en pourroit arriuer, il le fera pourmener le
long du montoir, ou de quelque grande poutre de bois couchée pres d'vne muraille, où il fe
tiendra & le flattera tant & fi longuement que celuy qui le conduira l'ait tellement affeuré
par fes allées & venuës, & en l'arreftant tantoft en vn lieu, & tantoft en l'autre, il le luy doit
toufiours careffer en luy frappant de la main fur la bardelle, iufques à ce qu'il connoiffe y pouuoir entrer fans grande incommodité, & tandis qu'il s'accommodera les deux cordes du caueffon en main, de telle forte qu'il en puiffe prendre tout d'vn coup l'vne en la main droitte,
fon fecond le tiendra court & ferme, & l'amufera auec vn peu d'herbe iufques à ce qu'il voye
le Caualcadour deffus, qui luy laiffera le caueffon auffi lâche & abbaiffé pour fe foutenir, que
fon guide l'aura ferré pour l'empécher de luy échapper & de l'emporter, & qui prendra bien
garde que cette corde de laquelle il le conduira ne luy puiffe non plus ambarraffer les iambes que les fienes, pour euiter toute difgrace qu'ils en pourroient encourir.

Mais pour plus grande affeuráce de l'vn & de l'autre, ie trouue qu'il n'eft rié tel que de l'attacher entre deux piliers, dont l'vn fe puiffe ofter facilemét & qu'à l'autre y ait vn hôme qui tiéne
la corde du mitá du cauefsó, côme elle fe voit en la figure precedéte faifát trois tours, & de luy
mettre vn biffac de toile affez grád qui ait les deux bouts à demi plains de fable fur la bardelle,

dans

B 2

dans laquelle le Caualcadour le pourra arrester de telle façon qu'il n'en pourra tomber pour
quelque rage qu'il puisse faire, en cousant les deux aisles ensemble auec quelque fort lasset de
cuir ou fisselle, auant que de la luy mettre sur le dos, ou apres la luy auoir sanglée, mais en l'v-
ne & en l'autre façon il faudra qu'il en fasse soutenir les deux bouts, par deux hommes dont
l'vn sera d'vn costé, & l'autre de l'autre, iusques à ce qu'il l'ait sanglé seulement si le bissac est
desia dedans la bardelle, ou iusques à ce qu'il le luy ait cousu s'il n'y est pas, & le tout bien fait,
le pilier leué, le trou d'iceluy recomblé, & les deux cordes ordinaires du cauesson bié attachées
à la bardelle auec quelque forte éguillete de cuir, qui les luy laissent aller tout doucement tandis qu'il se retirera au pilier pour luy rendre autāt de corde qu'il luy en faudra par raison pour
y tourner tout au tour, & s'efforcera de l'appaiser s'il s'en met en colere & en fougue, parlant à
luy plaisamment & s'en accostant le plus pres qu'il pourra, à fin de le caresser de la main apres
qu'il aura fait tout ce qu'il aura peu pour s'en décharger, & voulant mettre fin à sa leçon il le
menera accoster le montuer, là où il luy fera force caresses, & luy ostera sa premiere portee, &
le landemain il le luy ira monter selon l'ordre que i'ay desia dit.

Et d'autant que la cause pourquoy on luy donne la bardelle plustost que la selle est tant
pour luy laisser les mouuemens du corps libres, que pour plus aysément luy dresser la teste &
le col, & les luy mettre en belle posture, il faut que l'vn & l'autre tienne les cordes du cauesson
hautes pour les luy faire porter en beau lieu, pour l'empescher de se ramener trop bas, & d'a-
uoir moyen de s'y trop appuyer pour incommoder son Caualcadour.

Or venant sous cette charge non accoustumée à employer ses forces pour s'en défaire, pendant que le Caualcadour prendra patienee & la peine de se bien tenir, son homme employera
ses bras pour l'empescher de se mettre en liberté par ses furieux deportemens, sans toutefois
que l'vn ny l'autre luy donne autre déplaisir, que celuy qui se causera de luy mesme ; & apres
qu'il aura éuaporé les feux de sa colere, & qu'ils le voiront au bout de ses malices, ils le mene-
ront en quelque chemin assez long, applany & estroit, là où ils le feront trotter autant de pas
par le droit, qu'ils luy sentiront de bonne volonté & de force accompagnée de gaillardise, &
puis l'arresteront le plus droit & doucement qu'ils pourront, où le Caualcadour n'oubliera pas
à le flatter de la main & de la voix, ny le guide à luy dóner de l'herbe, tant pour luy faire prendre aleine, que pour luy donner à connoistre qu'ils ne luy veulent point faire de mal ; & apres
ces faueurs ils poursuyurót leur chemin en la mesme façon, sans le tourner d'vn costé ny d'autre, bastant pour cette premiere fois de le trotter seulement par le droit, pour tácher de decou-
urir à plus pres ce qui est de son courage & inclination ; & cela fait, ils le reporteront là où il
l'aura monté, & luy feront prendre le tour pour y arriuer fort large & rond, de peur qu'en le
tournant trop court, il ne fust contraint de plier le col pour ietter la teste dans vne si étroitte
espace, dont il se le pourroit faire faux, & prendre sujet de se tenir entier sur telle main, & là le
Caualcadour le démontra & remontra plaisamment & plusieurs fois, à fin de le luy asseurer, &
de le rendre aussi facile à l'vn de ces effets qu'à l'autre.

Et parce que tous poulains ne sont pas de mesme humeur, non plus que de volonté & de
fortes, & qu'il y en a qui de leur naturel sont plus adroits & dociles que les autres ; & que la
nature en a fait les vns legers & reueillez, & les autres lourds, pesans & endormis ; pour ne
faire pas comme ces Medecins qui n'vsent que de leur antimoine preparé pour guarir toutes
sortes de maladies ; il faut commencer à les dresser & les conduire selon leur volée, c'est à sçauoir les escarbillats & chatoüilleux, le plus mignardement qu'on poutra, & simplement par le
droit, pour leur oster toute occasion de se mettre en fougue & furie, sans leur demander autre
chose qu'vn doux arrest, iusques à ce qu'ils y vienent librement & iustement : n'estoit qu'ab-
busant de la courtoisie du Caualcadour, ils prinssent la fuite trop licentieusement, qui lors
leur doit faire éprouuer qu'il a les bras assez nerueux pour les retenir subiets à sa discretion &
bonne discipline, & les faire mesmement reculer s'ils continuoient leurs escapades pour leur

faire

faire paroiſtre qu'il eſt leur maiſtre,& qu'il ſe ſoucie fort peu de leurs coleres. Et les peſans &
pareſſeux tout autrement ; car arriuant, comme naturellement il ſe peut faire , qu'ils tirent
& peſent à la main,ou s'appuyent tout à fait ſur le caueſſon, il ſera neceſſaire de les parer ſouuent,ne trottant meſme que par le droit , & de les ramener à toute force ſur les hanches, à fin
de leur releuer,ou leur ramener la teſte,& pour leur rompre le faux appuy qu'ils y cherchent,
& qui pis eſt, de les faire reculer auant qu'ils ſoient ſeurs au parer, quand on les ſentira trop
obſtinez en leurs lâchetez & malicieux dédains des premiers chatimens.

Et d'autant que le Caualcadour ne ſe peut ſeruir de gaule ny d'éperons, pour pouſſer ou
chatier ſon poulain ſelon ſon merite, de peur de luy fournir de ſujet de ioüer de la queüe dés
le commencement de ſon apprentiſſage,dont il en pourroit faire vne mauuaiſe habitude , il
doit auoir ſon recours aux cordes du caueſſon,& l'en battre ſur le coſté qu'il aura failly , & ſur
l'vn & l'autre pour le chaſſer auant plaiſamment ou rudement ſelon la fantaſie qu'il luy ſentira , & comme il eſtimera qu'il le pourra ſouffrir ſans s'en dépiter & reſſentir par quelque fa-
cheux trait de ſa vindicatiue humeur.

Apres l'auoir ainſi traitté en ſes premieres leçons,& qu'il cheminera droit de teſte & de col,
& qu'il repondra librement aux auertiſſemens & chatimens des cordes du caueſſon, il commencera à luy faire connoiſtre le gras de la iambe & les talôs au meſme temps qu'il l'en pouſſera & l'en chatira , & à le faire reculer par le ſecours d'icelles ſelon qu'il voira eſtre à propos,
en l'en inquietât d'autant moins qu'il les prendra à côtre-cœur , pour luy faire entendre qu'il
l'en veut pluſtoſt ſoulager que facher,ayant touſiours la douceur en ſinguliere recommandation, comme le plus aſſeuré remede qu'on puiſſe appliquer à tout mal qu'il pourra faire , iuſques à ce qu'il ſoit capable de prendre en bonne part des chatimens plus ſenſibles, & ne le hâ-
tant ny ne le precipitant en ces commencemens de leçons pour tant bien qu'il les luy voye
fournir,d'autant que iuſques à ce qu'il y ſoit bien aſſeuré ce ſeroit temps & peine perduë de
l'auancer à d'autres ſur leſquelles on pourroit éprouuer, que comme dit ce prouerbe Italien:
*Il gatto per auer fretta fece la prole cieca.*Le chat pour trop ſe haſter fit ſes petits aueugles, qu'auſſi
pour trop luy vouloir faire faire,qu'en fin il ne voudroit rien fournir du tout , conſideré meſmement qu'il n'y a que le temps & la bonne école qui le puiſſent reduire à perfection.

Comme il faut mettre,retenir , & s'aſſeurer le Poulain dans la main.

T I T R E V.

I celuy à qui on ſoutient le menton peut hardiment nager, comme on dit communement, celuy auſſi peut courageuſement aſſeurer ſon aſſiete en bardelle à qui on
tient le poulain par les cordes du caueſſon qu'il a en teſte ; & comme celuy-là ne
s'oſe tant auanturer que de trajetter vn gros fleuue à la nage de peur de faire nauf-
frage ſans l'aſſiſtance de celuy qui luy a monſtré le mouuement des bras & des iambes; auſſi
noſtre Caualcadour n'a penſé iuſques icy à entreprendre de le trotter & moins galopper ſeul
en pleine liberté; mais comme le premier n'apprehende plus les flots apres qu'il en a éprouué
pluſieurs fois,& ſurpaſſé heureuſement l'impetuoſité en la preſence de ſon maiſtre , & qu'il y
retourne par apres tout ſeul & ſans rien craindre: Ainſi celuy-cy retiendra encore pour cette
fois ſon conducteur aupres de luy,à fin de le ſecourir au beſoin, en cas qu'il ſe trouuaſt en hazard de ſa perſonne par les furieuſes fougues de celuy qu'il pretend s'aſſeuir en eſperance de
ne le plus démonter qu'il n'en ſoit entierement demeuré le maiſtre.

Pour paruenir donc fain & fauue au but de fes pretenfions, & fans mettre fon poulain en defordre en ce changement,il faut qu'eftant deffus il fe faffe conduire par celuy qui luy a feruy de lumiere iufques icy,au lieu où il a accouftumé de le trotter par le droit,où eftant arouté, il fera retirer quelque peu à quartier fon guide du cofté qu'il fe defend le plus, ayant toutefois toufiours fon cordeau en main pour l'employer au befoin pendant qu'il le retiendra,& l'obligera de fuyure fa premiere pifte ; & fi le bon heur , ou fon bon naturel porte qu'il trotte en cette maniere fans difficulté & deffy de quelque nouueauté, il fe retiendra encore vn peu d'auantage à cofté,& neantmoins pas fi caché qu'il ne le puiffe voir fans courber le col,ou fans tourner la tefte,qu'il doit perpetuellement porter haute & droitte,& allant auffi franchement ainfi que quand il le voyoit plus auancé , lors il fe reculera tout à fait de fa veüe,le fuyuant cependant de pres fans quitter fa corde pour luy eftre à temps au deuant s'il s'arreftoit à faute de ne le plus voir,comme il peut facilement arriuer venant à fe reprefenter le train qu'il tenoit en fa premiere liberté,qui luy permettoit d'aller tantoft le pas, tantoft le trot & le galop, à droit & à gauche, deuant, à cofté,ou apres fa mere,ou autres cheuaux,& tantoft de donner carriere à fes efprits auffi bien en tournant que courât par le droit,& de s'arrefter à fa pofte en quelque part qu'il vouloit : Car cét arreft procedant pluftoft de ce reffentiment, que mefme il fe ramanteuoit pour auoir efté continuellement iufques là guidé par fon homme,que de volonté deliberée de ne paffer pas outre, fi le Caualcadour vouloit s'oppiniaftrer à le vouloir faire partir de la main,& aller auant à coups de corde & de talon,fans luy redonner premierement celuy qui luy a fait auparauant eftorle, ou infailliblement il luy falfifieroit le col, & le luy endurciroit du cofté qu'il le tourneroit pour reuoir fon homme,ou il le rendroit tout à fait retif, en quoy fon honneur feroit intereffé,pour ne luy auoir fceu pourfuyure les effets de fa patience iufques au bout où elle auoit pouuoir de le rendre ; Et au cas auffi qu'il aille fon droit chemin fans contredit & fans chandelle, il le luy doit entretenir fans luy faire aucun deplaifir , & apres le luy auoir fort flatté , le remener feul à la maniere accouftumée au montoüer pour le demonter auec toutes fortes de careffes.

Et comme la foury qui n'auroit qu'vn trou feroit bien toft prife ; ainfi le Caualcadour qui n'auroit qu'vn feul moyen de s'affeurer de fon poulain fe trouueroit le plus fouuent décheu de fon efperance,& braué de celuy qu'il pretendoit manier à baguette ; & pour ce fujet faut-il qu'il foit pourueu d'autant d'inuentions, qu'il en fera de rufes & malices, à fin d'auoir recours en temps & lieu à celle qu'il connoiftra eftre la plus expediente pour le reduire à fon deuoir & le retenir dans fa main ; de forte que s'il ne fe veut rendre par la fufditte,qu'il le pourra poffible plus ayfement gaigner par la prefente : c'eft à fçauoir en luy faifant fuyure vn autre cheual defia dreffé,dés qu'il partira du montoüer,& conduit par quelqu'vn qui fçache l'auancer & le retenir, le parer & le repartir felon que fera le fien,auquel il fera fuyure l'autre de plus pres qu'il pourra,fans qu'aucun neantmoins en puiffe receuoir de l'incommodité, & quand il connoiftra qu'il le fuyura franchement , il faudra par apres faire marcher le fait affez bellement,& cependant qu'il tâche à le luy faire deuancer,à fin que du moins il viene à l'accofter, & cheminer ainfi droit de front par tout où l'autre ira, & à l'arrefter où il parera, & à partir quand il partira.

Ayant gaigné ces deux points fur luy , il fera tout doucement & au dépourueu arrefter le dreffé pour luy faire prendre le deuant, à fin que le fien n'ayant point preuenu cette furprife face au moins quelques pas auant que de s'en appercevoir, apres lefquels l'autre fe remettra fur la pifte & le talonnera de fort pres pour le raccofter ou le deuancer, s'il faifoit difficulté de pourfuyure fon pas ou fon trot, & s'il fe vouloit obftiner à s'arrefter ; pour luy faire reprendre fes efprits & luy dóner courage de le fuyure & de le coftoyer, pour puis apres qu'il fera bien en train luy faire bien à propos éprouuet tant de fois l'effet de cette tromperie qu'il ne s'en puiffe plus imaginer ny en redouter quelque mauuaife partie qui le diuertiffe d'obeïr à fon Caualcadour,

cadour, qui ne luy doit eftre iamais chiche de careffe tant qu'il fe maintiendra au chemin de bien faire, mais bien luy épargner toute feuerité, iufques à ce qu'il l'ait tout à fait dans fa main; fe fouuenant que comme il faut endurer des chiens iufques à ce qu'on foit aux pierres, que c'eft pareillement vn faire le faut de patienter auec luy iufques à ce qu'il ait la gaule en main & les éperons aux talons pour s'en defendre, & rompre tout à bon efcient les efforts de fa mauaife volonté, de manière que dés qu'il l'aura reduit à telle obeïffance que de le voir paffer & aller librement deuant l'autre, il ne luy doit plus rien demander dauantage, puis qu'il en a ce qu'il en defiroit, ains luy faire reffentir le contentement qu'il receura de fon obeïffance, en le reportant au montoir, où il luy oftera luy mefme le caueffon, & le pourmenera quelque peu en le flattant & luy donnant quelque friandife pour vn affeuré témoignage de fa bienueillance.

Comme il faut donner, & faire reconnoiftre la premiere bride au Poulain.

TITRE VI.

A bouche du cheual eft vn membre fi delicat que les meilleurs Maiftres fe trouuent bien fouuent fort empefchez à la conferuer faine & entiere, pour quelque forte d'emboucheures qu'ils y puiffent loger: car comme la nature les a faits differens en humeurs, forces & inclinations, auffi leur a elle donné la bouche de mefme; aux vns fi bonne qu'ils fe maintienent fous ce qu'on leur donne; & aux autres fi delicate & fi fauce, que pour tant douce que puiffe eftre l'embplucheure, qu'ils ne la peuuent fouffrir, ce qui eft caufe que tels cheuaux font plus inutiles à la felle que de feruice, pour quelque beauté & bonté qu'ils puiffent auoir, pour ne fe trouuer artifice par lequel on ait moyen de fuppléer à leurs defauts quoy que fans iceux ils fe rendroient capables d'eftre employez à bonnes expeditions, & encore à d'autres fi forte qu'il n'y a mords fi rude qui les puiffe retenir en bon appuy.

Et d'autant que ceux qui l'ont naturellement bien difpofée au bon appuy, peuuent tomber entre les mains de maiftres, qui la leur pourroient perdre à faute de ne la leur fçauoir pas conferuer dés le premier iour qu'ils luy donnent la bride, pour mieux s'en affeurer qu'auec le caueffon, fous la rigueur defquels ils pourroient par fucceffion de temps fe defendre des chatimens & tout à fait de l'école, il faut que le Caualcadour ne fe departe iamais de l'anciene couftume, qui ne donne aux ieunes cheuaux pour premiere emboucheure qu'vn canon fimple & ordinaire & mefmement à demy vfé, ou fort poly s'il eft neuf, auec vne branche droitte & longue à l'auenant de fa taille, & vne gourmette de trois groffes effes bien rondes & proportionnées à la capacité de fa barbe, à fin de ne la luy offenfer non plus que les barres, ny les genciues, ny la langue, ny le palais, ny les leures, & ne le bridera iamais la premiere fois, qu'il n'ait auparauant emmiellé ou faupoudré l'emboucheure de fel, pour donner faueur à fa langue & fuiet de s'y ioüer, & d'en receuoir du plaifir, au lieu d'importunité, & dés auffi-toft qu'il l'aura dans la bouche & la teftiere en tefte fans la fou-gorge, ou fi lâche qu'elle ne l'empefche point de la baiffer, & fans gourmette, il l'attachera comme de couftume aux deux piliers de l'écurie auec les cordes de fon caueffon, où il le laiffera ainfi bridé deux heures le iour, & deux ou trois iours confecutifs fans le monter, à fin de luy en faire perdre l'aprehenfion, auant que de la luy faire fentir.

Et quand il le montera auec la bride, il ne le doit point gourmer pour lors, & luy doit fuffire de le tenir fujet à la main, & de paffer le maiftre doigt entre les rénes pour les tenir plus iu-
ftes.

ftes & egales fur fon col, & à fin que le mouuement des bras & des mains qu'il fera, pour mieux faire ioüer le cauefſon, la réne droitte ne ſoit plus tirée que la gauche, il le menera ainſi ſimplement au pas par le droit, táchant doucement à luy ramener la teſte s'il la hauſſe ou l'allonge trop, & la luy releüer s'il la porte trop bas, tant auec icelles mediocrement tenuës, qu'a-uec les cordes du cauefſon, qui doit touſiours eſtre le plus employé à l'œuure, pour luy faire moins de mal & de dommage que la bride, & le tout ſans aucune caueſſade, pour quelques folaſtres mouuemens qu'il pourra faire de la teſte, de peur qu'il ne les priſt pour ebrillades: car qui voudroit du premier coup luy en faire ſentir áprement les effets, il eſt bien certain qu'on luy romproit quelqu'vne, ou peut eſtre toutes les ſuſdites parties de la bouche, ou qu'on le troubleroit en telle ſorte, qu'il en apprehenderoit toute ſa vie la ſubiection, à cauſe de ce pre-mier torment, & apres l'auoir ainſi tellement pourmené, qu'il connoiſſe qu'elle ne luy deplaiſt pas, il pourra commander à ſon homme de ſe preſenter à luy auec de l'herbe qu'il luy laiſſera marcher tandis qu'il mettra la gourmette en ſa maille, & luy le doigt annulaire entre les rénes, & les ajuſtera auec les cordes du cauefſon, & puis continuera ſon pas & ſa pourmenade pour l'aller plaiſamment demonter.

Le landemain il le remontera, & luy mettra la gourmette en la meſme maille qu'eſtoit le crochet le iour precedent, & le remenera là où il a accouſtumé de le trauailler, tenant les rénes auec le doigt annulaire & le pouſſe iuſtemét ordonnées ſur le milieu du col, & ſi bien propor-tionnées auec celles du cauefſon, que s'il venoit à ſe facher de ſe voir reduit à telle ſubjetion, il luy puiſſe ayſemét lácher la bride, & le retenir ſeulement d'iceluy, iuſques à ce qu'il ſe ſoit rendu, & la reporter & retirer peu à peu au lieu où il ne l'aura pas voulu ſouffrir, & l'entrete-nir doucement ſous tel appuy, fuyant continuellemét l'occaſion de luy donner ſujet de s'y oppoſer, en voulant boire le mords, ou paſſer la langue par deſſus, ou táchant de s'en deſarmer les barres & les genciues, ou faiſant les forces, ou tournant la teſte & la bouche plus d'vn coſté que d'autre, & bref faiſant pluſieurs deſaggreables poſtures, qu'il pourroit par telle rigueur & ſucceſſion de temps faire paſſer comme en vn autre nature incorrigible ſi on n'y pouruoyoit prudemment & de bonne heure, par vne douce & legere action de main.

Et lors qu'il ſe fera reduict à quelque mediocre appuy, il commencera à le mettre au trot ſelon ſon humeur & ſes forces, à ſçauoir court & plaiſant s'il eſt fougueux & impatient, & long & gaillard s'il eſt pareſſeux, ou fingard, tant à fin d'en reüeiller l'vn que de ne donner loiſir à l'autre de s'arreſter, & vigoureux & ſoutenu de la bonne main à celuy qui s'y abbandonnera, à fin de luy delier les épaules & les hanches, & continuant cette metode auec patience & iuge-ment, allant par le droit il luy pourra en peu de temps faire prendre tout à fait le bon appuy pour luy faire puis apres reconnoiſtre la proportion des voltes.

Des parties de la volte, comme il faut ayder au Pou-lain à la bien arondir, & à changer de main.

TITRE VII.

E Caualcadour ayant tant fait par le droit que de s'eſtre rendu maiſtre de ſon pou-lain, voulant commencer à luy faire connoiſtre les ronds, pour luy apprendre à tour-ner librement à toutes mains au trot & au galop, doit ſçauoir que toute volte com-ment qu'elle ſe face, ou terre à terre, ou à mezair, ou par haut, eſt compoſée de qua-tre angles, ſur le point de chacun deſquels il luy doit faire vn temps de la main de la bride en la tournant dans la volte, & l'accoſter de la iambe hors d'içelle au meſme inſtant, & les repor-

ter

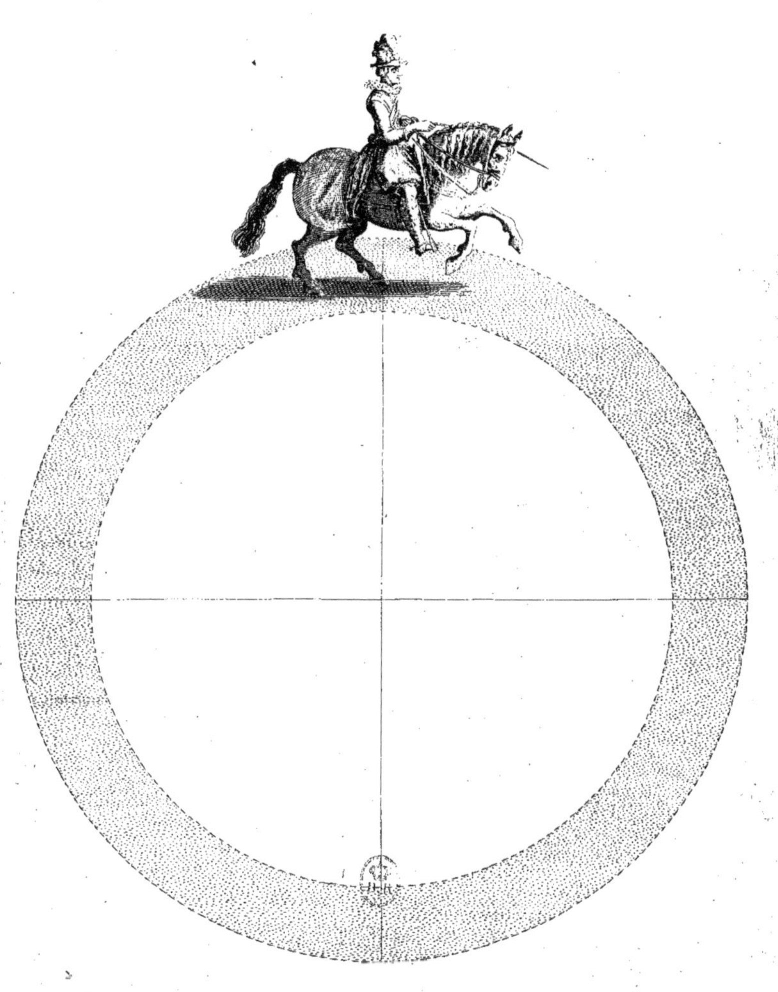

A   TRES NOBLE ET TRES VAILLANT CAVALIER
MONSIEVR IOSEPHO ROMENY LONDOIS.

ter à l'ordinaire dés qu'il y confent,à fin de le diuertir par cét auertiffemét d'aller par le droit,
apres en auoir fourny le premier quartier,ainfi qu'il fe voit en ce deffein.

Et d'autant que les Italiens ne fe feruent point de piliers pour faire tourner leurs cheuaux,
tant ieunes & farouches puiffent-ils eftre,& qu'ils n'y employét que leurs bras,ou tout au plus
vne longue corde,qu'vn homme tient eftant à pied,& demeurant ferme en vn lieu tandis que
le Caualcadour le trauaille, i'auife icy le Caualier qu'encore qu'il monftre fon cheual à demy
dreffé,ou qu'il l'exerce fous les preceptes de quelque bon Caualerice qui le tiene feulement en
main auec la caueffane, ou eftát attaché au pilier,qu'il ne doit iamais manquer à l'auertir de la
main & de la iambe,& mefmement d'vn fifflement de gaule,toutes les fois qu'il arriuera fur le
poinct de chaque angle,à fin que le laifsát fous fa foy il ne máque point à obeïr à l'action qu'il
luy en fera ; encore qu'on puiffe repliquer qu'eftant au pilier bien attaché qu'il ne peut faire
autremét que de tourner rondement, fi celuy qui eft deffus le peut bien à propos chaffer & retenir fur la circonference du tour qu'il luy pourra dóner felon la longueur de la corde,à quoy
ie repats, & dis, que le pilier ne fait pas le cheual,& que bié que s'y voyant attaché il foit contraint d'y faire la volonté du Caualier, qu'il faut toutefois que ce foit luy qui luy face reconnoiftre que c'eft luy qui le domte & nó le pilier,ou celuy qui tient la corde, autremét dés qu'il
s'en voiroit hors,il voudroit vfer de fes premiers droits,& fe remettre en fráchife à beaux fauts
&gambades au preiudice de qui il appartiendroit,par où il fe connoiftroit qu'on n'auroit rien
gaigné de le luy affubjetir,s'il n'entendoit qu'il luy faut répondre à cette actionde main qui fe
doit toufiours faire dans la volte, & à l'auertiffement de la iambe hors d'icelle, de peur qu'il
n'en derobbaft la crouppe.

Cela prefuppofé,& que le Caualier l'ait fur vn rond bien battu, fi le Caualerice ne le tient
auec la caueffane,il cómencera à le luy faire reconoiftre au petit pas à main droitte,luy portát
la main de la bride tournée dedans la volte,luy couchant & croifant la gaule fur le col de telle
forte qu'il en puiffe apperceuoir le bout,& l'accoftát du gras de la iambe gauche iufques à ce
qu'il foit arriué fur l'vne des lignes qui diuifent le rond en quatre parties,où au mefme inftant
qu'il luy fera ce téps de poignet dás la volte,il l'auertira pareillement de la main de la gaule en
luy dónant tout doucement fur l'épaule gauche;& luy tirát la corde du caueffon, il luy fera
fentir fon taló hors la volte cóme à trois doigts par delà les fangles, pour l'empefcher de ietter
la croupppe hors la pifte d'icelle , & l'arreftant de quartier en quartier le plus droit qu'il pourra
dés auffi toft qu'il aura obey à ces aydes, à fin de luy donner le loifir d'en conceuoir le fujet,&
de fe l'imprimer en fa memoire pour s'en faciliter la practique ; & apres en auoir tiré trois ou
quatre tours,dót le dernier foit tout d'vne alene, il luy fera faire le plus bel arreft qu'il pourra,
fur lequel il le flattera fort,puis le chaffera deux ou trois pas fur la mefme main,en luy portant
celle de la bride fort dedans la volte,luy tirant la corde droitte du caueffon , luy dónant de la
gaule fur l'épaule de dehors,& luy tenant toufiours le talon au ventre iufques à ce qu'il foit du
tout entré dans le rond,par le milieu duquel il le conduira le plus droit & doucemét qu'il luy
fera poffible fur l'autre pifte , pour luy faire entendre & receuoir les mefmes aydes tournant à
gauche,à fçauoir le tour du poignet, & l'auertiffemét de la corde du cauefson dedans la volte,
luy monftrant la gaule fort étenduë fur la main droitte, & l'accoftant de la iambe & du talon
en pareil lieu hors d'icelle,iufques à ce qu'il luy ait fait faire autant de tours que fur la droitte,
fur laquelle il le remettra apres l'auoir paré & careffé fur la main gauche, de mefme façó qu'il
le luy auoit apporté;& apres l'auoir exercé felon cét ordre fur l'vne & l'autre main autant qu'il
aura peu & deu par raifon , il luy fera mettre fin à fa leçon fur la main qu'il le trouuera le plus
dur,& donner quelque peu d'herbe auant que de le ramener au montoir.

Or s'il fe veut feruir du pilier,il faut que celuy qui y tiédra la corde ait l'œil au guet,& fort at-
tétif au deportemét du cheual,&qu'il ne máque pas à bié prédre le téps de l'auertir de quartier
en quartier à jetter fa veüe fur la volte au mefme inftát que celuy qui fera deffus le luy aydera,

tant

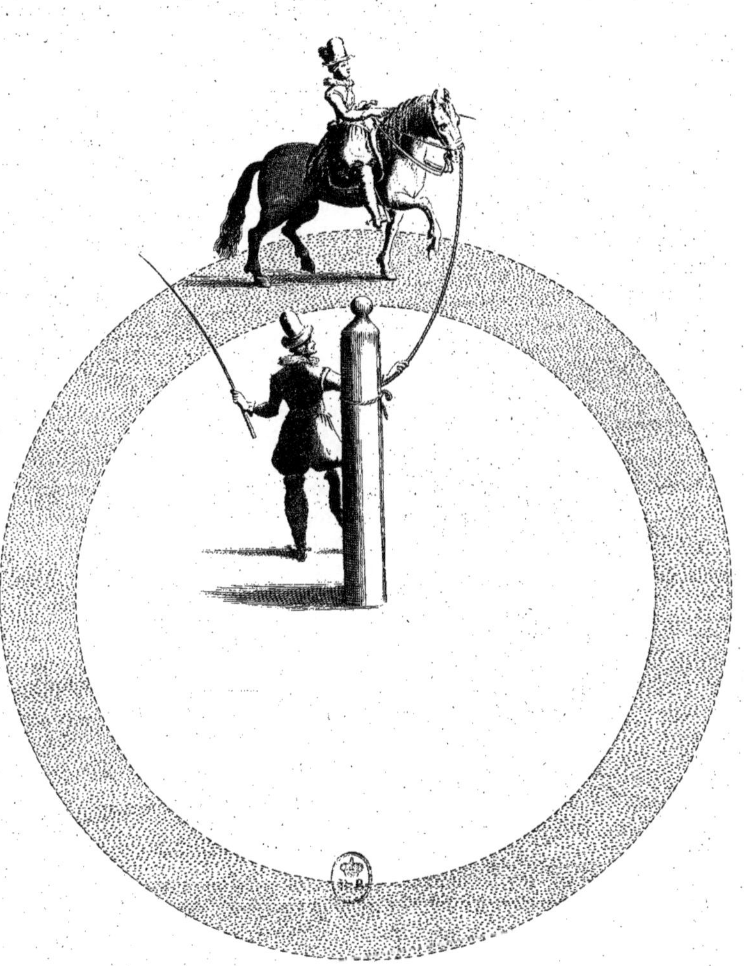

A TRES NOBLE ET TRES BRAVE CAVALIER
MONSIEVR IEAN WOLFFGANG DE SCHNECKENHAVS. &c.

C 3

tant de la main de la bride & de la gaule que du talon, & quoy qu'il ait moyen de le foliciter plus diligemment en cét eftat que s'il le retenoit feulement fur le rond à force de bras, fi eft-ce qu'il fe doit contenir és termes de la douceur, ne plus ne moins que s'il le trauailloit hors du pilier, à fin de luy ofter tout fujet d'en redouter la fubjetion, & ne s'en preuaudra pas d'auátage, finon qu'il luy pourra faire faire les trois derniers tours de fa premiere leçon au trot, au lieu qu'il ne les luy demanderoit qu'au pas s'il n'eftoit affifté du Caualerice, & fortifié du pilier.

Et lors qu'il le voudra parer pour changer de main, il aura tant qu'il pourra égard à fa complexion, de peur de luy partroubler l'efprit & la fantafie par quelque retenuë trop forcée, s'il eftoit fort fenfible ou apprehenfif, & de ne confentir point auffi à fa lácheté & pefanteur s'il luy forçoit la main en y tirant ou pefant, d'autant que telles fautes ne font pas plus tolerables en fes commencemens, que fi tel cheual eftoit plus auancé, & n'en doit auoir tant de refpeçt, qu'il ne luy donne à tout le moins vn mediocre chatiment du cauefson, qui doit deformais eftre de fer, & des deux talons, & mefme de la gaule s'il le merite pour mieux le reueiller & le chafser auant, iufques à ce qu'il le tienne en bon appuy pour le parer, & venant à s'y ramener fur les hanches felon la capacité de fes forces, il luy rendra la main, & lors le Caualerice l'attirera à foy en luy prefentant de l'herbe ou quelque autre douceur; mais il faut auffi que le Caualcadour ne manque pas à l'en auertir tout doucement tant de la gaule que du talon, fur le cofté contraire à la volte, & apres luy auoir fait afsez de carefses pres du pilier, il le portera tout bellement fur la pifte du rond pour luy faire faire autant de tours à main gauche, qu'il en aura fourny à droitte, & luy continüera l'ordre de fon exercice felon l'ordre precedent.

Le lendemain il le remettra derechef au pilier, où apres luy en auoir fait reconnoiftre le premier tour au pas, fur la main qu'il l'aura reconneu plus dur le iour precedent, & puis fait le femblable fur le changement de main, il luy fera fournir toute fa leçon aü tror, ne le parant fur quelque main qu'il le trauaille, qu'il n'ait pour le moins fait trois ou quatre bonnes voltes, & à mefure qu'il s'y rendra facile, il luy en accroiftra le nombre, où la vigueur, à fin de luy accroiftre fon aleine, & de iour en iour il tachera de luy faire changer de main fans l'arrefter ny fans luy interrompre fon trot, commençant à l'auertir d'entrer dans la volte, tant de la main de la bride, & de la corde du cauefson, que de la gaule, & du talon contraire à icelle, dés qu'il luy aura fait faire deux ou trois tours, & en cas qu'il y réponde mefmement la premiere fois, il le parera tout à fait à deux pas pres de la pifte qu'il deura prendre pour changer de main, là où s'il le fent pefant, ou abbandonné fur le deuant, il le fera reculer deux ou trois pas en arriere, & l'y reportera auant que de luy rendre la main, & apres en auoir tiré la mefme obeïfsance de deux ou trois, en deux ou trois voltes tant à droitte qu'à gauche ; il luy en fera autát fournir fur vne main, que fur l'autre, auant que de le parer droit fur le milieu de la ligne qui couppe le rond par le point de fon centre, en la figure precedente, où il pourra le demonter pour faire fin à fa leçon, s'il eft paifible au montoir, finon il le luy menera pour l'accouftumer à y receuoir patiemment fon Caualier.

Apres l'auoir bien dégourdy au trot felon cét ordre tant fur vne main que fur l'autre, & qu'il voira qu'il aura les membres afsez deliez pour le mettre au galop; il le luy pourra donner plaifamment releué, l'empefchant tant qu'il pourra de le precipiter, à fin de luy ofter toute occafion de pefer & tirer à la main, ou de s'y abbandonner & chercher le moyen des'armer & fe defendre les barres de l'effet de l'emboucheure, & pour ce faire il le retiëdra fous le plus doux appuy de main qu'il pourra, s'il a la bouche delicate & fenfible, fans la haufser ny baifser plus qu'il ne la pourra fouffrir sás en eftre offenfé ou inquieté, ce qu'il cönoiftra facilemét prenant garde à l'action de fa tefte, laquelle il ne pourra tenir ferme fous l'appuy fans le haufser & baifser, s'il y eft trop contraint, & lors il recherchera le vray lieu de la tenuë & du bon appuy de la main, à fin de luy faire porter beau ; & s'il eft dur de bouche, plus luy tiendra-il la main haute & gaillarde, qu'il fera pefant & endormy, & ferme, bafse & auancée fur le col, qu'il y tirera, de

colere

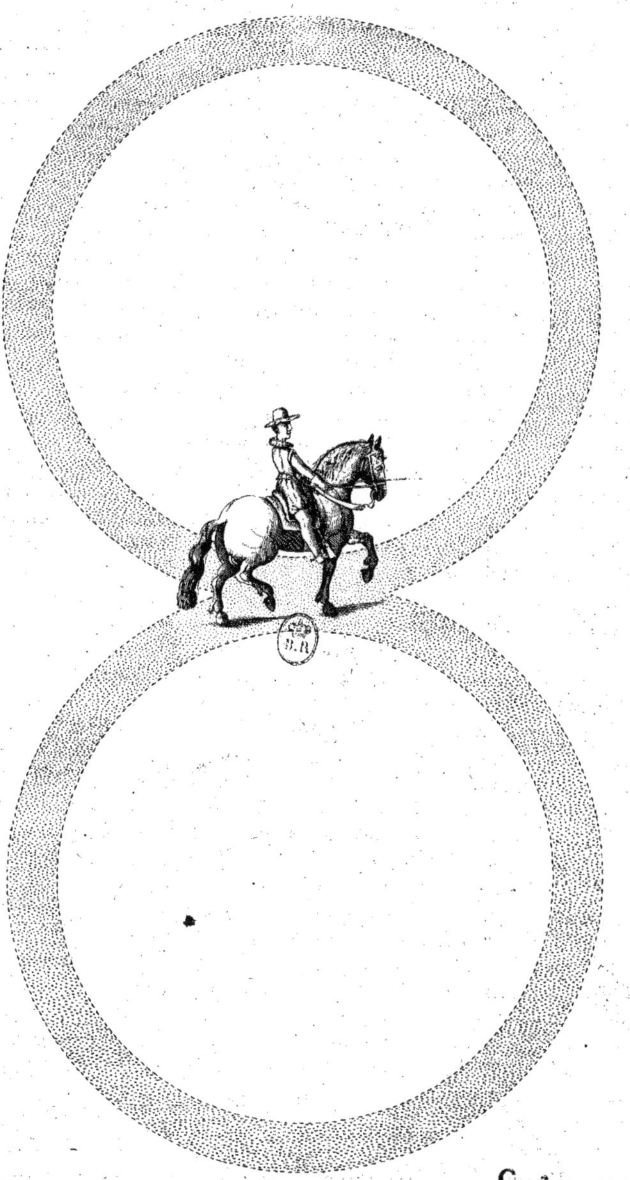

colere ou d'impatience, se tenant au reste ferme sur l'estrieu du dedans de la volte bien étendu, & l'accostant du gras de la iambe hors d'icelle de telle sorte qu'il l'en puisse empescher d'en
dérobber la crouppe, & l'aider & chatier du talon selon son besoin, sans luy épargner aussi le
sifflement de la gaule lors qu'il le voudra allentir, ou s'arrester en quelque quartier que ce soit,
gardant le mesme ordre pour le parer & changer de main que celuy du trot, attendant patiemment que le temps & la bonne école luy en ayent dóné vne entiere perfection, auant que
de le traitter seuerement, pour quelque faute qu'il puisse faire en ses premieres leçons.

ET d'autant que les François, aussi bien que les Italiens, se seruent encore de deux ronds
semblables à ceux de ce dessein, tant pour leur degourdir plus plaisamment les membres,
& leur accroistre l'aleine, que pour leur faciliter le mouuement des épaules au changement
de main, le Caualcadour aura egard à le trotter tellement que le bras de dehors la volte cheuale continuellement celuy de dedans, & à le galopper de telle sorte, que celuy de dedás cheuale celuy de dehors: car c'est vne maxime que le premier temps de tout changement de main
qui se fait au galop, se doit faire du pied de deuant du dedans de la volte, pour empescher que
le cheual ne s'abbate, ou du moins ne se taille, cóme il arriueroit si celuy de dehors le primoit.

Pour le bien donc trauailler sans desordre & confusion sur iceux, tant au trot, qu'au galop, il
aura en singuliere recommandation, outre tous les auis precedens, de luy conduire si bien la
teste, tant de la main de la bride, que de la corde du cauesson, qu'il tienne tousiours sa veuë ar-
restée sur la piste de la volte; & pour cela, quád il voira, ou sentira qu'il l'en voudra retirer, ou
qu'il regardera ailleurs, il luy tirera doucement la corde en dedans, ou preuiendra sa distra-
ction par vn temps de poignet aussi promptement effectué, que bien iugé, à fin de l'obliger à
se tenir attentif à comprendre & retenir ce qu'il luy voudra monstrer: car c'est vne chose bien
asseurée, que la memoire ne peut rien receuoir ny conseruer, si l'esprit & la fantasie n'y consen-
tent, ce qui ne peut toutefois estre quand deux ou trois objets se presentent confusement aux
yeux, & consequemment au sens commun, qui ne peut faire autre part de ces varietez au iugement, non plus qu'à la memoire que d'vne idée si legere qu'elle n'y fait que passer sans s'y
arrester.

Et parce que c'est vne reigle generale receüe de tout temps és bonnes écoles, qu'il faut tous-
jours commencer & finir l'exercice sur la main droitte, le Caualier doit sçauoir qu'elle se practique seulement auec cheuaux qui n'ont point de creance, ny ne reçoiuent point de deplaisir
de se volter plustost sur l'vne que sur l'autre, & partant qu'il doit commencer & finir sa leçon
sur celle sur laquelle il aura auparauant reconneu son cheual plus dur & difficile, à fin de le reduire au poinct de la perfection requise en vn cheual de combat, qui est d'estre libre, resolu &
deliberé à se volter à toutes mains, aussi bien que prompt au partir, & obeïssant à l'arrest: Et
qui plus est, attendu que c'est aussi l'ordinaire de ne luy demander pas plus de voltes sur l'vne
que sur l'autre, sans changer de main y estant bien determiné, il s'en peut neantmoins dispen-
ser en cét endroit, ayant specialement à faire à vn cheual difficile à se volter aussi gaillardement à droitte qu'à gauche, & à gauche qu'à droitte: car puis qu'il ne tend qu'à le dépouïller
de sa liberté naturelle, pour le retenir tousiours & par tout obeïssant à sa volonté; la raison veut
qu'il le luy reduise par vn trauail d'école iudicieusement practiqué, & tel que celuy qui est ap-
prouué de tous les meilleurs maistres, sçauoir est par vn plus grand nombre de voltes sur la
main de son imperfection, ou refus, que sur celle sur laquelle il va de luy-mesme & sans contredit; de maniere qu'en tel cas, il luy en doit faire fournir trois, voire quatre à main droitte
s'y tenant entier, encore qu'il ne luy en ait fait faire que deux à gauche, sans s'en deporter qu'il
ne luy ait entierement osté cette dure difficulté.

Et d'autant aussi que le cheual qui a quelque dureté de col, ne le peut pas aysement plier
pour regarder la volte sans en ietter la crouppe dehors, & qu'il faut toutesfois qu'il accompagne

gne perpetuellement du derriere le maniment des épaules, sans sortir de la piste pour le fournir iustement,& que de toutes les imperfections celle-cy est celle qui se corrige auec le plus de
temps, de peine & de patience, le Caualier se donnera bien garde de le galopper en façon
quelconque qu'il ne le luy ait auparauant amoly au trot, à cause qu'il se pourroit tellement
preualoir de la gaillardise de ses forces, aussi bien que de celle de cét air, & specialement s'il
estoit dur de bouche,qu'il s'y rendroit inuincible.

Or pour le luy redresser,& luy retenir quant & quant la crouppe sur la piste de la volte,il la
luy fera premierement reconnoistre au pas, ne luy donnant que peu ou point d'appuy sur
l'emboucheure,tant pour luy conseruer la bouche saine & entiere, que pour luy oster toute
occasion d'y chercher,& peut estre trouuer le moyen de se defendre de la subjetion de la corde du cauesson, laquelle il luy doit tenir fort basse & bien tenduë du costé qu'il le voudra ramener,& de trois en trois pas la luy rendre quelque peu, & tout aussi tost la retirer,si tant est
qu'il recourbe le col, maintenant rudement & tantost doucement,s'accommodant à son humeur & inclination,l'auertissant aussi souuent du sifflement de la gaule, l'accostant de la iambe,& luy faisant par fois sentir le talon & la gaule tout ensemble pres du flanc & de la fesse du
costé qu'il est libre,pour l'empescher de dérobber la crouppe de la piste, & pour l'en chatier à
temps s'il ne vouloit obeïr à l'aide de la iambe; & à mesure qu'il s'apperceura qu'il en fera son
profit,il pourra luy faire faire trois quartiers de la volte au pas auerty, & le dernier au trot, &
puis de iour en iour il tachera d'en tirer deux, puis apres trois; & en fin de luy faire fournir la
volte toute entiere au trot; & lors qu'il le luy aura ajusté par ce moyen, il commencera à luy
faire prendre l'appuy de la bonne main en le passegeant au pas au commencement, & le mettant du pas au trot,sur lequel il l'entretiendra tant & si longuement qu'il y soit bien faict, &
puis le l'y voulant determiner au galop, il le luy mettra doucement apres l'auoir trotté sur les
deux premiers quartiers, à fin d'en tirer le troisiesme au galop, & de luy faire serrer la volte au
trot, & la recommencer & poursuyure le plus accortement qu'il pourra tousiours au petit galop, qu'il ne luy fera renforcer,que premierement il ne le luy ait bien asseuré, tant au redoublement qu'au changement de main, de peur que la precipitation de ces leçons, ne luy fist
rechercher quelque moyen de luy forcer la main pour reprendre son premier train,qui seroit
vn retour de plus penible correction,que n'auroit esté le premier mal.

Pour le regard du changement de main, il l'en auertira dés aussi tost qu'il mettra les pieds
de deuant dessus la piste qui conjoint les deux ronds, en luy monstrant la gaule bien étenduë
du costé droit s'il veut volter à gauche, & la luy croisant sur le col voulant le remettre sur la
main droitte, de laquelle il luy tirera la corde du cauesson pour le luy attirer, laquelle il luy
laissera libre pour le porter à gauche, luy presentant aussi le temps, & l'aide de la main de la
bride en tournant seulement le poignet du costé qu'il voudra prendre, & l'aidant de la iambe
droitte pour aller à gauche, & de la gauche pour changer à droitte,s'aneruant fort sur l'étrieu
du dedans de la volte,bien étendu sur le deuant.

Et lors qu'il le voudra parer ou pour luy faire prendre son aleine, ou pour mettre fin à l'e-
xercice, il auisera à ne l'en requerir point qu'il ne le tienne libre & paisible sous l'appuy de la
bonne main, & n'attendra pas aussi iusques à ce que l'air & la force luy faillent à le luy presenter, ainsi il le parera lors qu'il luy connoistra gayement vnir son courage & sa volonté pour
luy obeïr, maintenant entrant entre les deux ronds, tantost voltant à droit,tantost à gauche,
& bref là où il le l'y trouuera le mieux disposé, prenant garde pareillement à ce qu'il ne trotte
ny ne galoppe pesant, ou tirant à la main ; & arriuant qu'il la luy incommodast, il emploira
toute son industrie & sa puissance, à luy releuer ou ramener la teste en bon lieu, soit en l'arrestant à force de bras, & le faisant reculer iusques sur le lieu où il aura commencé à le trouuer
en defaut, soit à bonnes cauessades, tant d'vn costé que d'autre,haussant la main s'il y pese, &
les baissant toutes deux s'il y tire.

L'ayant

L'Ayant reduit à bien prendre le temps, & receuoir les aydes tant de la main & de la gaule, que de la iambe & du talon, pour changer facilement de main, sans rompre son trot ny son galop sur les deux ronds precedens, pour luy en faciliter l'vsage encore d'auantage, ils luy presentent ce dessein qu'ils luy font reconnoistre au pas & au trot, auant que de le l'y recher-cher au galop, tant à cause que les ronds en sont plus étroits, & par consequent plus penibles à y fournir quelques bonnes voltes, que pour la subjetion qui en dépend: car arriuant au poinct qu'il les pourroit fermer sur vn mesme rond, il se trouue, comme on peut voir, en estat d'estre chassé sur l'vn des deux autres, & tellement qu'encore qu'il y ait iustement satisfaict au desir du Caualier, qu'il ne laisse pas pour tout cela de se voir poussé tout aussi tost sur le troisiéme, & de plus, remis sur le premier ou le second, qu'il les a parcourus tous trois, sur quoy il se peut ay-sement imaginer, que c'est à luy de se tenir tousiours en ceruelle, & prest de luy obeïr pour bien faire & en estre plaisamment caressé.

Et d'autant que telle nouueauté pourroit étonner le cheual apprehensif, & mettre en fou-gue le colere, si de plein abbord le Caualier les vouloit contraindre de s'y volter indifferem-ment, il se contentera pour la premiere leçon de leur mōstrer au pas d'école, & au trot racolt, & releué, qu'il n'y a rien à craindre ny à faire, qu'ils ne sçachent desia, & pour ce regard il les passagera simplement de l'vn à l'autre, sans neantmoins obseruer autant de tours, sur les vns, que sur les autres, non plus que de suitte de l'vn à l'autre, en leur aydant en temps & lieu, tant de la main de la bride & de la gaule, que de la iambe & du talon, comme il aura fait sur les precedens pour changer de main, & les parera où il les trouuera plus attentifs à sa volonté, soit qu'il leur vueille laisser prendre aleine, ou les demonter.

Pour reconnoistre quand il les y pourra galopper asseurement sans trouble & sans confu-sion, il les trottera seulement vne fois sur chacun d'iceux, pour commencer l'exercice, sur les-quels il les conuiera puis apres, & sans les arrester à prendre d'eux mesmes le petit galop, & à le l'y continuer au moins vne fois, sans neantmoins les y forcer, & s'ils y répondent gayement, tant à l'auertissement de la main de la bride que de la gaule, & à l'aide de la iambe & du talon, il les parera doucement pour les caresser auant que de les y soliciter d'auantage, à fin de leur faire paroistre, qu'il ne desire autre chose d'eux, qu'vn libre changement de main, & sans les y enuoyer pour cette seconde leçon, il luy suffira de leur en faire faire deux ou trois fois au-tant pour le plus, tenant pour tout asseuré, qu'ils en ont compris le temps & le moyen d'y obeïr: Mais aussi s'ils s'y tiennent si difficiles qu'ils ne les puissent fournir entierement sans reprendre leur trot, il aura patience pour ce coûp, & pour ce iour là, recherchant soigneuse-ment la cause de leur difficulté, qui pourra proceder ou de leur peu d'esprit, ou de leurs mem-bres qui ne seront pas encore bien déliez, ou conjointement de ces deux sujets, & quoy qu'il en soit, au lieu de les y precipiter, il cōtinuera à les y trauailler le plus discrettement qu'il pour-ra, moitié au trot & moitié au galop, iusques à ce qu'il leur y ait fait comprendre tout ce qui est requis au changement de main, & les ait si bien dégourdis, qu'il n'y ait point de danger de les y contraindre s'ils s'y vouloient faire entiers : Et en fin les ayant reduits à en faire au-tant que les premiers, il leur en continuera la practique, suyuant l'ordre precedant, leur y fai-sant doubler les voltes, & leur affinant leur manege, selon qu'ils s'y comporteront de iour en iour.

O R

OR pour leur faire paroiftre tout à fait qu'il n'y a plus de liberté pour eux à l'école, qu'au bout de la leçon bien fournie, on les trauaille ordinairemét fur ces quatre ronds, dont la proportion eft égale, mais la circonferéce plus étroitte que celle de tous les autres precedens, à fin de ne les confondre point fur le retreciffement des voltes, non plus que fur le chágement de main, le Caualier les doit toufiours auertir tant de la main de la bride, que de la gaule, & les y ayder, ou de la iambe, ou du talon, ou des deux enfemble, iufques à ce qu'il les ait rendus parfaits, d'autant que ce feroit mal procedé de les vouloir contraindre d'obeïr à vne furprife de changement, deuant que de leur auoir appris à le bien faire naïuement & iuftement : fi bien que pour ne les y point mal-mener fans raifon, il les y doit difcrettement exercer au trot & au galop, non feulement felon la capacité de leurs forces, mais auffi de leurs ceruelles comme le fiege de leur memoire, le rendéuou de leurs imaginations, & le domicile de leur iugement, auparauant mefme que de penfer à effayer s'il leur pourroit faire faire quelque changement de main au depourueu, & lors qu'il les y aura reduits dans la main & dans les talons, il pourra leur monftrer à fe tenir fur leurs gardes, de peur d'y eftre furpris, en les mettant du galop au trot, à deux ou trois pas pres de la conjonction de chaque rond, fur la pifte defquels il ne les auertira point de fa volonté comme il aura fait auparauant, qu'au mefme inftant qu'il voudra changer de main, & tout d'vn temps les animant de la voix, il leur aydera tant de la main de la bride & de la gaule, que de la iambe & du talon, à s'vnir & fournir à cette furprife alaigrement, & à reprendre le galop, qu'il leur laiffera continuer vne ou deux voltes fans les furprendre au changement, & puis les ira parer fur le lieu mefme où il les aura furpris, & apres les y auoir bien flattez, il en partira au petit galop, & leur fera faire deux voltes fur les deux ronds, où il leur aura changé de main à l'improüifte; & voulant les porter fur l'vn des deux autres, il les mettra au trot comme deuant pour les furprendre, & tout d'vn coup il leur prefentera derechef le temps & les aydes du changement, à quoy obeïffant il les parera dés qu'ils auront galoppé vn ou deux quartiers de la volte, & continuera l'ordre de cette leçon iufques à ce qu'ils y foient bien aduits.

Mais fi la furprife les étonnoit tellement qu'au lieu de fuyure la pifte de la volte du changement qu'ils luy forçaffent la main pour s'enfuyr, ou que les hanches n'accompagnaffent pas les épaules, lors il leur changera leur galop au trot, & leur trot au pas auerty, & les y exercera tant qu'en fin ils en conçoiuent la ruze & y fourniffent, au galop & au trot : Et pour la leur faciliter au galop, il leur commencera la leçon au trot iufques au dernier quartier de la volte, qu'il leur fera faire au petit galop, pour leur prefenter la furprife, le temps & les aydes d'y répondre; & auenant qu'ils y obeïffent, il les parera quatre ou cinq pas apres pour leur donner de l'air & les careffer, à fin de les encourager à la iuftement parfournir; & en cas auffi qu'ils y cedent difficilement, il les y attendra patiemment, fi ce n'eftoit qu'ils s'y vouluffent tenir entiers de méchanceté pourpenfée, ou qu'ils s'y feigniffent de lâcheté; car alors il les y fera obeïr par toute voye de rigueur, & continuant la practique de cette reigle auffi iudicieufement que patiemment, il en receura dans peu de iours tout le contentement qu'il en pourra fouhaitter.

Des

Des Calates ou Baffes, & comme il y faut mettre le ieune cheual.

TITRE VIII.

E Caualcadour ayant aduit fon ieune cheual à librement trotter & galopper par le droit, & fur les figures precedentes, à s'arrefter & reculer, & repartir felon qu'il en eft auerty, & luy ayant fait connoiftre les effets du cauefſon, & prendre vn doux appuy fur l'emboucheure, a accouftumé de luy donner en Italie pour derniere leçon, & pour fa bonne bouche deuant que de le laiffer tout à bon efcient entre les mains du Caualerice, l'intelligence des calates, ou baffes tant au trot qu'au galop, pour luy apprendre à parer, fe ramener & retenir fur les hanches, & pour luy ouurir à demy la carriere fous telles conditions & confiderations.

Premierement il luy fait fournir fur ces deux ronds deux voltes à main droitte, deux autres à gauche, & derechef vne à droitte de trot au commencement doux & retenu à celuy qui eft prompt & impatient, & auerty, & delié, au lache & ramingue, fi la raifon ne le conuie à faire autrement, & à luy en demander autant ou plus à gauche qu'à droitte, felon qu'il le fent dur, luy faifant toufiours tenir la veuë fur la pifte d'icelles, lefquelles bien faites & ferrees au trot ou au galop, il le pouffe par apres comme à ligne droitte longue & panchante, pour le parer au fond felon fa vigueur & fa force, n'attendant pas que l'aleine luy faille auant que de l'en requerir, & arriuant à cinq ou fix pas prés du lieu où il le veut parer, il luy foulage ou charge les hanches, felon qu'il a de courage, bonne ou mauuaife bouche & de forces ou de foibleffe, le foutenant de mefme de la main pour le ramener peu à peu fur les hanches, à raifon dequoy telles calates ne doiuent pas trop droittement tenir du panchant, à caufe auffi que s'il s'y abbandonnoit trop, ou s'enfuyoit, qu'elles luy égareroient la bouge, & cela arriuant il doit affez auancer fes iambes, fe pancher en arriere, & le fouleuer à force de bras, & auec le cauefſon feulement; & abbaiffer les mains tant qu'il pourra s'il tire à la main pour s'en defendre, à fin de luy ramener la tefte, & le contraindre d'y prendre fon bon appuy.

Que s'il y va à contrecœur, & fe plante fur les deux pieds de deuant pour euiter le parer, ou de crainte ou de lâcheté, ou de foibleffe, ou de mauuaife volonté, il luy doit à l'inftant rendre la main & le chaffer auant, tant des talons que des cordes du cauefſon, en luy en donnant au trauers des flancs le proforçant de paffer outre, mais ces baffes doiuent autant tenir du plan que du panchant, & au bout il le parera le plus doucement qu'il pourra, fe ramanteuoyant toufiours que le parer violant eft fort preiudiciable aux ieunes cheuaux, & mefmement de quatre ans, fi bien qu'encore que le fien le fuye, qu'il ne doit point pour cela luy donner de caueffades, ains le fecourir amiablement, de peur de le rebutter & le rendre irrefolu & defuny au partir de la main, pour apprehenfion qu'il pourroit à iamais retenir de telles feueritez mal executees.

Et pour le releuer du déplaifir qu'il pourroit receuoir d'eftre ainfi mal mené continuellement en vn mefme lieu, il le faut fouuent changer de place, tant pour l'empefcher de remarquer le lieu du parer, que pour luy interrōpre la fantafie qu'il pourroit auoir de s'en fuir, pour la crainte de la rigueur de la main qu'il aura auparauant éprouuée trop feuere à fa bouche, & pour le diuertir de parer fans en eftre requis, pour en auoir fouuent reconneu le lieu, qui le luy feroit toufiours premediter & redouter.

Quand à la courfe, il la luy faut donner felon fon naturel, fa force & inclination, d'autant qu'elle eft fort nuifible aux vns, comme au fuyard, fenfible & impatient, qu'il ne doit faire cou-

rir

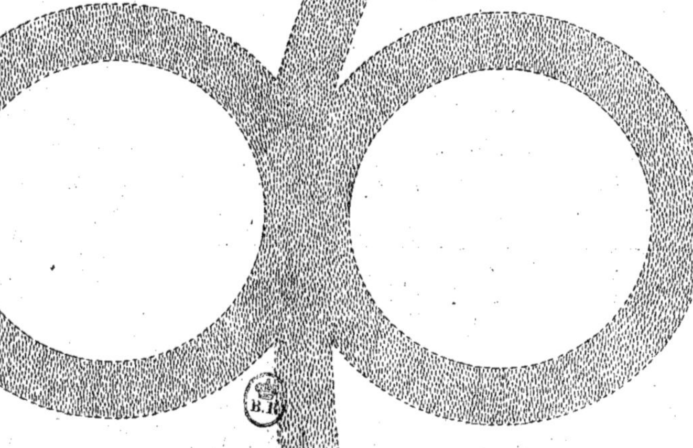

rir qu'vne fois le mois, tout au plus, & s'il n'obeïſſoit pas librement au parer de trot, il le luy
amenera au galop en vn chemin aſſez long, à fin qu'au meſme temps qu'il le voudra parer il le
trouue plus obeïſſant : car c'eſt choſe toute aſſeurée que tels cheuaux prenét pluſtoſt aſſeurance au galop, qu'au trot, d'autát que ſon propre eſt de leur faire prendre vn bó appuy, & de délier les contrains, & les rendre libres de leurs membres: Et au contraire elle ſera fort proffitable
au cheual fingard, arreſté, lâche & de peu de cœur, qu'on doit faire courir de téps en temps, &
accompaigner ordinairement du chatiment de la gaule ou du nerf, des talons & de la voix, ſelon qu'ils en auront beſoin ; & ſera bon auſſi de les accoſter d'vn faict, qu'il ne faudra pas toutesfois faire courir plus viſte qu'eux, à fin qu'ils ſe reſoudent auec luy à la courſe, & ſe diſpo-
ſent à la faire de iour en iour auec plus grande furie ; mais il n'en faut pas faire couſtume, d'autant que d'vne action ſi violente, il leur viédroit bien à la fin vn deſir de s'enfuir pour l'éuiter,
& ſe voyroient auſſi pluſtoſt égarez de bouche que bien aſſeurez, & pluſtoſt ruinez que dreſſez ; ioint auſſi que le cheual ne ſe fait iamais plus viſte ny determiné pour courir ſouuent, attendu meſmement que, comme enſeigne ce prouerbe Italien : *Correre e' caminare, il cauallo per
natura lo ſa fare*, le cheual ſçait cheminer & courir de nature.

    Or pour luy donner bien à propos cette courſe, le Caualcadour le tiendra au commence-
ment & auant que de le faire partir, arreſté droit, iuſte & ferme de corps & de teſte regardant
la carriere, & le fera partir premierement au pas, & au trot, puis au galop, & finalement luy
donnera la plus grande furie qu'il pourra, l'entretenát iuſte & droit de col, de teſte & de corps,
iuſques à la fin d'icelle, où il doit commencer à le ramener ſur les hanches, iuſques à la fin de
ſon parer, apres lequel il s'y doit tenir ferme & retenu ſans aucun mouuement, & s'auancer
auec obeïſſance s'il en eſt de beſoin, & reculer ou ſe tourner, ſelon qu'il en ſera requis, ſans le
trop fatiguer, ſur peine de le faire deuenir vicieux, traiſtre, pareſſeux, demeſuré, & meſmement
de le fouler ou détruire tout à fait par imprudence, pluſtoſt que par ſa faute ou mauuaiſe
inclination.

Quand, & comment il faut donner les éperons au ieune Cheual.

TITRE IX.

SI les Italiens practiquoyent auſſi prudemment tous les airs & maneges, qu'ils donnent accortement les éperons aux ieunes cheuaux, ſans mentir ils en auroient plus
de centaines de ſains & bien dreſſez, qu'ils n'en ont de dizaines de bós & bien faits:
car pour les trop & confuſement trauailler, ils les eſtrapaſſent ſi fort, qu'apres les
auoir fait vn long temps ſuer ſang & eau, ils n'en reçoiuent que perte & déplaiſir de les voir
foulez & ruinez lors qu'ils penſent les auoir reduit au poinct de faire du ſeruice à leurs maiſtres
à la carriere, ou à la campagne, à faute, comme i'ay remarqué en leurs écoles & depuis deux
ans, d'autre ſcience, que d'vne routine inueterée, d'autant qu'entre cinq cens Caualcadours &
Caualerices qui ſont auiourd'huy en Italie, & ailleurs, en peut-on rencontrer trois qui ſçachét
ſeulement écrire leurs noms ; & à plus forte raiſon moins lire, ny faire leur profit de ce que
leurs anciens maiſtres leur ont laiſſé de neceſſaire & remarquable, qui me fait franchement
dire que telles gens meritent mieux le nom de maquiguons que Caualerices, & palefreniers
que Caualcadours, pour eſtre dépourueus de la meilleure partie requiſe à bien faire vn ſi noble exercice, à ſçauoir de ſcience, fondement ſolide & incorruptible de toute perfection, ſans
laquelle il n'y a routine qui puiſſe eſtre ſi exactement practiquée qu'elle ne laiſſe touſiours
quelque

quelque marque d'ignorance de l'ouurier, au corps, ou en l'efprit de l'ouurier : Et croy que c'eft pluftoft l'vfage que la difcretion, qui leur fait attendre que leurs cheuaux ayent pris pour le moins quatre ans, & quelquefois cinq, auant que de leur faire fentir ce qu'éperons valent.

Car il me femble que dés que le Caualerice fçauant & bien experimenté tout enfemble, aura reconneu que fon ieune cheual, ne fuft-il que de trois ans, ira ferme & iufte de col & de tefte par le droit, & qu'il fe voltera librement à toutes mains, obeïffant à la main & au talon, qu'il n'y aura plus de danger de les luy donner felon fon poil, fon courage & fa patience, ne me pouuant perfuader par aucune apparente raifon, qu'eftant doüé des dites vertus, qu'il ne fçache bien difcerner la rigueur d'auec la mediocrité, & que pour l'en trop battre il le pourroit faire rétif, fougueux, colere & impatient ; & que par confequence contraire, il ne l'en puiffe rendre plus gaillard, vigoureux, vny & obeïffant en le traittant felon fon merite ; de forte que fe mefurant à fon humeur & à la neceffité, il les luy pourra faire connoiftre à tel âge qu'il l'en eftimera capable.

Et venant à auoir à faire à quelque cheual pefant ou pareffeux, de mauuais cœur, & dur au talon, lâche & abandonné, il le pourra mener fur vn terrain fpacieux & bien applany, & là de ferme à ferme luy donner gaillardement cinq ou fix vertes éperonnades, retirant prompte-ment fes talons de fon ventre, attendant ce qu'il en pourra pourpenfer, l'auançât doucement, fi tant eft qu'il les effaye patiemment ; mais s'il s'en met en fougue & en fuitte, c'eft à luy de s'aneruer fort fur le deuant, de peur qu'il ne luy dérobbe les éperons, & de le retenir paifible-ment fans luy rien demander qu'il ne l'ait premierement bien remis & du tout repatrié, à fin que felon fon defordre ou patience, il les luy puiffe redoubler, auant que de le quitter.

Que s'il s'en defend en baiffant, ou mettant la tefte entre les iambes, allant de trauers, & iettant la crouppe ça & là, il les luy redoublera fi dru & menu, que l'vne n'attende pas l'autre, lefquelles il accompagnera de la voix, à fin de luy rompre fa méchanceté, & de le contraindre à paffer outre, luy releuant la tefte à force de bras, & non débrillades, ou de caueffades, de peur de luy rompre la bouche, & de l'émpefcher de penfer à fon deuoir s'il luy tormentoit la tefte qui eft le domicile de fes bons efprits, & les luy continuera fans pitié iufques à ce qu'il les fouffre patiemment, ou du moins qu'il reconnoiffe qu'en donnant treue à fes talons, & ouurant fes iambes il faffe demonftration de vouloir partir franchement de la main, comme auparauant, & lors il le laiffera en cét eftat pour la premiere fois, & quelques iours apres reue-nant au mefme effet il fe comportera auec luy felon ce qu'il connoiftra eftre à faire par deuoir & raifon, & fans aucunement le dedaigner, le releuant de tout foupçon d'vn mauuais traitte-ment à l'auenir, en le flattant & careffant pour luy en faire perdre l'apprehenfion.

Quand à l'aide & chatiment de l'éperon, il fe porte en trois lieux, le premier eft pres des fangles, tant pour foulager le cheual, que pour l'obliger d'auancer & porter les épaules où voudra le caualier ; le fecond eft comme à deux doigts hors les fangles & en arriere, qui eft le vray lieu où il doit faire fa batterie ordinaire ; le troifiefme eft de deux autres doigts plus tirant vers les flancs que le fecond, pour luy conduire la crouppe & les hanches fur l'vn & l'au-tre cofté en dedans & dehors la volte, comme il faut qu'il les porte & s'y maintienne.

De

De la poſture & aſſiette du Caualier.

TITRE X.

L A grace eſt ſi neceſſaire au Caualier, que ſans icelle il ſe trouue pluſtoſt moqué, que loüé és bonnes compagnies, où il veut aller au pair auec ceux à qui le Ciel ſemble en auoir eſté prodigue, pour les rendre admirables & aymables en toutes leurs actions, quoy qu'il les puiſſe ſurpaſſer en l'intelligence des plus beaux airs & maneges, & que s'il ſe failloit auſſi bien monſtrer couuert, que deſarmé, qu'il ſe peuſt promettre beaucoup d'auantage ſur leurs dexteritez; ce qui me fait dire que celuy qui veut faire profeſſion de Caualerie doit ſur toutes choſes ſe former vn beau maintien, à fin de complaire autant à ceux qui le voiront trauailler, qu'ils en cheriront & honoreront l'exercice.

Et d'autant que ce n'eſt pas aſſez au Caualier pour paroiſtre de bonne grace, d'eſtre bien vêtu & adroit de ſa perſonne, mais qu'il faut que l'équippage de ſon cheual ait de la correſpondance auec ſes habits, pour ne point donner de ſujet de parler à ceux qui par faute de lance & d'experience, ſe veulent maintenir bons hommes de cheual du plat de la langue; il faut que ſon œil face vne viſite generale ſur tout ſon harnois auant que de prendre les rénes en main pour mettre le pied en l'eſtrieu.

Commançant donc par la teſte, il auiſera s'il eſt bridé de telle ſorte, que la ſou-gorge ne ſoit trop lâche ny trop ſerrée, à fin qu'il n'en ſoit point diuerty de ramener la teſte en ſon juſte lieu; ſi la patelette eſt placée droittement ſur le crin & par le milieu de ſes oreilles; ſi la muzerolle eſt aſſez ouuerte ou ſerrée pour ſuruenir à la neceſſité de ſa bouche; ſi l'emboucheure y eſt ſi bien logée, qu'elle puiſſe y auoir ſon deu appuy, ſur les barres ſans luy faire rider les ioües & ſans battre les écaillons; ſi la gourmette eſt en ſa maille ordinaire pour bien s'arreſter ſur ſa barbe; ſi le caueſſon eſt autant éleué par deſſus l'œil de la branche comme d'vn petit doigt qu'il luy faut de liberté pour ſon ieu & pour l'effet de la gourmette, qui toutesfois ſe connoiſt mieux ſous la main, qu'à la veüe; ſi les courroyes d'iceluy, dont l'vne luy ſert de teſtiere & l'autre de muſerolle, ſont en leurs points & bien arreſtees dans leurs paſſans, ſans luy battre les oreilles, & branſler au tour des yeux, s'il eſt tellement ſellé, que la pointe des arçons de deuant luy arriue bien pres des pallerons des épaules: ſi les ſangles ſont aſſez auancées, fort ſerrées & les bouts des contre-ſanglots cachez; ſi les étriuieres ſont bien paſſées dedans leurs boucles, & leurs bouts auec ceux des port'-étrieux couuerts; ſi le poitral monte aſſez haut, & ſi la crouppiere eſt de bonne meſure.

Cela auſſi toſt finy que commencé, & apres auoir découuert és yeux de ſon cheual ce qui peut auoir de bien & de mal au cœur, prenant les rénes en main, il doit aller en ſelle le plus legerement qu'il pourra, la frappant de la main droitte au meſme temps qu'il porte le pied à l'étrieu, le retenant ferme & droitte iuſques à ce qu'il ſe ſoit bien agencé, ſans affaitterie ny paſſion, monſtrant pluſtoſt vn viſage riant, que ſeuere & refroigné, regardant droit entre les oreilles du cheual, panchant tant ſoit peu le corps en arriere, tenant touſiours la teſte haute & droitte, les épaules également auancees, ſans que la droitte ſoit plus en arriere, ou en auant que la gauche, pour quelque mouuement qu'il puiſſe faire du bras & de la gaule.

Et pour mieux repreſenter par le menu & ſans confuſion chaque partie particuliere du corps du Caualier, il en faut faire trois, deux mobiles, & vne ſans mouuement; la premiere eſt le corps entier iuſques à la iointure des reins & des hanches qui doit eſtre mobile, & délié, mais non violent ny forcé, tant pour retenir ou auancer le cheual, que pour le chatier ou le careſſer de la main; la ſeconde ſont les cuiſſes, qui doyuent eſtre comme colées dans la ſelle iuſques aux genoux ſans faire feneſtres; la troiſieſme ſont les iambes, qu'il doit tenir tantoſt retenuës

LA POSTURE DV CAVALIER.

A TRES ILLUSTRE ET GENEREUX SEIGNEUR
Monseigneur George Baron de Stubenberg
Seigneur en Kapfenberg Stubegg et Guettenberg &c.

tenuës pres des fangles,tantoft fort auancées, tantoft quelque peu reculées des fangles , felon
que le cheual en aura affaire pour fon ayde,ou pour fon chátiment,

Pour manifefter l'office de la premiere, il faut fçauoir que voulant accouftumer le cheual,
à vne fubjetion ou liberté de main,qu'à caufe des aides & chátimens elle fe peut employer en
trois façons, l'vne fera pour le vaincre & pour le reduire à obeïffance,ce qui fe fera quand le
cheual ira trop lachement , ou trop haut de tefte,& faudra tenir la main ferme & baffe deffous
l'arçon ; l'autre quand le cheual ira bas de tefte,ou qu'il s'armera, pefera & tirera à la main, il
faudra la tenir plus haute & auancée que le deuoir, pour le releuer, à fçauoir à la hauteur du
pommeau de l'arçon ; la troifiefme & ordinaire eft,que le cheual eftant en droitte pofture,
qu'il faudra la tenir trois doigts plus haute & deux plus auancées qu'iceluy , qui eft vn lieu fi
temperé, qu'il en pourra naiftre en vn inftant, liberté,fubjetion, & toute iuftefle fans peril &
fans difformité du Caualier : Car le voulant parer, il n'aura qu'à plier le poing vers fa ceinture,
& le voulant pouffer auant il ne pourra pas feulement porter librement la main iufques aux
crins du cheual ; qu'ains par droitte ligne il la pourra rapporter iufques au pommeau : & pour
n'oublier rien, lors qu'il le voudra volter à main droitte , ou à gauche, il n'aura qu'à tourner le
poing,pour l'auoir tout auffi toft comme il le voudra,fans accompagner la bride du bras,fans
ouurir les iambes,ny fe pancher fur l'vn ou fur l'autre cofté.

Il doit donner au bras droit vn mouuement libre & airé , tel qu'il le feroit fe feruant de
l'épée,&allant au pas,au trot,ou au galop par le droit,le coude en doit eftre tellement auancé
& hors du flanc du Caualier, que la main s'en trouue à l'égal de celle de la bride, fans la tenir
appuyée ny abandonnée, mais ferme & feparée d'icelle,& que la pointe de la gaule aille tomber vers l'épaule droitte;& voltant à droit,qu'il la laiffe tomber de ce mefme lieu fur le col du
cheual en le trauerfant fans le partir du mefme lieu , & que le poing face feulement l'effet du
mouuement pour l'aide neceffaire au cheual,mais quand il le voudra chátier, il leuera fi haut
& de fi bonne grace fon bras,qu'il luy puiffe donner vn coup pefant comme plomb , à fin que
puis apres il vienne au moindre figne à entédre & faire fa volonté,fans falfifier ou refter auec
deux cœurs à caufe des irrefolus,foibles & timides chátimés: Et voulant volter à gauche,il doit
releuant fa gaule de deffus le col du cheual,la laiffer tomber quelque peu plus bas que l'œil du
cofté droit, tenant le bras étendu de telle forte que venant, à changer de main, il n'ait qu'à le
rehauffer,pour rapporter la gaule au mefme endroit qu'elle eftoit auparauant fur l'autre volte:
Et pour ne paroiftre ny boffu ny vouté,il doit auancer quelque peu l'eftommac,& auoir les
reins droits & fermes, les cuiffes ferrees & fans mouuement dedans la felle auffi bien que les
genoux, attendu que de ces deux derniers membres dépend toute la force qu'il peut auoir
pour refifter gaillardement aux fauts, croupades, ébalançons & boutades du cheual , qui ne le
pourra iamais defarçonner s'il fçait prendre le temps & la cadance de fon air.

Et quand aux iambes , il les doit porter felon fa taille, car eftant fort, ou mediocrement
grand,il les doit auoifiner le plus pres qu'il pourra du cheual,&tellement étenduës,qu'il femble les auoir comme s'il eftoit droit en terre ; & s'il eft petit, tant plus il les tiendra auancées
& proches des épaules du cheual, plus en aura-il de grace ; le talon droit & vn peu plus bas
que la pointe du pied , qu'il doit appuyer fur le milieu de la planchette de l'étrieu, ne l'ou-
trepaffant que fort peu de la botte, le droit defquels doit eftre toufiours de demy point plus
court que le gauche, tant pour mieux donner & foutenir les coups de lance & d'épée, que
pour plus facilement monter à cheual.

Com

Comme le Caualcadour doit commencer à dreſſer le ieune Cheual à qui on ne fait que donner la premiere ſelle.

TITRE XI.

 V o y que le poulain change ſon nom en celuy de cheual, ſortant des mains du Caualcadour pour entrer en celles du Caualerice, ſi eſt ce qu'il ne change pas pour cela de leçons ny de manege en Italie, encore qu'il ait eſté meſmement trauaillé deux ans ſous la bardelle, d'autant que le Caualerice ne ſe fie point tant en ſon Caualcadour, & euſt-il la barbe blanche comme neige de fatigue, qu'il ne veuille luy meſme éprouuer, s'il l'a ſi bien fait qu'il n'y ait que redire en la iuſteſſe de ſa courſe, de ſon parer & tourner librement à toutes mains, qui fait que quand on le luy preſente auec ſa premiere ſelle, il commence à le faire repaſſer ſur toutes les leçons precedentes, auant que de le voüer à quelque air gaillard, ne ſe deportant point de ces fondemens qu'il ne le luy ait encore entretenu autant de temps qu'il en faut au François pour en dreſſer vn à perfection : qui fait qu'on ne peut voir és écoles d'Italie vn cheual bien faire de ſon air, qu'il n'ait pour le moins ſix ans, encore qu'on luy dòne la bardelle dés qu'il a atteint deux ans, pour le plus tard, de ſorte qu'ils le trauaillent quatre ans ſans luy donner aucun repos, au bout deſquels ils s'en trouuent chargez de plus d'eſtropiez, de borgnes, d'aueugles & d'inutiles, que pourueux d'autres qui leur puiſſent faire quelque bon ſeruice en cas de neceſſité : Ce qui a depuis cinquante ans tellement ouuert les yeux aux François, qu'ils ont recherché & trouué vne ſi courte & douce voye, qu'en deux ans, ils s'en peuuent preualoir en tous lieux, & faire voir que l'eſprit vaut mieux que la force, & qu'il n'y a rien ſi difficile qui ne ſe rende ayſé à faire à celuy qui a de l'inuention en ſa teſte, & la reſolution de l'effectuer en ſon courage.

E   2

LE François donc pour promptement dreſſer & conſeruer les forces de ſon cheual, ayant
découuert ſon inclination, ſa capacité & ſon defaut en le trauaillant doucement au pilier,
l'aide à quitter ſes imperfections ſelon qu'il en a beſoin : car s'il a remarqué qu'il s'élargiſſe,
ou ſe ſerre trop, ou iette la crouppe hors la circonference du rond, il le met ſur cette école limitée : qui eſt vn vray moyen de châtier ſans grãde peine tous cheuaux de quelque complexion
qu'ils puiſſent eſtre, de telles imperfections ; d'autant que ſi c'eſt vn cheual qui tire à la main,
le Caualier aura moyen dans icelle de le faire reculer tant qu'il voudra, auſſi bien par le droit,
qu'en tournant, pour luy ramener la teſte en belle poſture ; & s'il ſe retient trop, il le pourra
chaſſer auant au pas, au trot & au galop, ſelon ſa neceſſité ; & s'il peſe à la main, il le pourra allegerir du deuant & luy former vn bon & temperé appuy de bouche, en le faiſant partir gaillardement, & le parant & ramenant ſur les hanches, & le faiſant reculer ſelon qu'il luy obeïra,
ou qu'il ſe voudra maintenir entier.

Or cette école doit eſtre en terre profonde d'enuiron trois pieds, & la ligne droitte qui
couppe les deux ronds, large de deux & demy, longue de vingt-cinq, à trente, & les ronds
larges de trois pas en diametre, en chãque partie deſquels doit auſſi demeurer la terre en ſon
plan ordinaire ; à fin que la piſte du rond ſe limitant entre l'extremité & hauteur du terrain
qui l'enuironne, & celuy qui reſte également éleué en l'vne & l'autre piſte de dedans, on puiſſe contraindre le cheual, de tenir touſiours l'œil & le courage, auec les quatre pieds ſur la piſte
de la volte & de la ligne droitte par le moyen de l'eleuation du terroir, ſans l'intelligence deſquelles choſes, il ne ſe peut bien reſoudre à aucun manege, ny employer ſes forces, à fournir à
quelque air releué.

Mais auant que de le mettre dans cette école, tant pour le châtier plus à propos de ſes fautes, que pour luy faciliter ſon manege, le Caualier luy doit auoir mis la teſte en belle & ferme
poſture, & fait prendre vn doux appuy ſous la bonne main, allant par le droit ; & le luy ayant
reduit conſiderer, que s'il a le cerueau foible qu'il luy faut plus ſouuent changer de main, que
s'il l'auoit forr, à fin de le maintenir en eſtat de bien tourner à chaque main, toutes & quantes fois qu'il l'en recherchera ; Et s'il eſtoit naturellemẽt fingard, ou timide, il ne le luy deuroit
trauailler que pour l'empécher de s'acculer, à cauſe que cette limitation luy oſteroit tout
moyen d'en chaſſer l'vn auant, s'il ſe retenoit, & donneroit tant d'apprehenſion à l'autre qu'il
ſeroit en vn perpetuel défy de quelque torment, au lieu de ſe tenir attentif à ce qu'il luy demanderoit.

Et

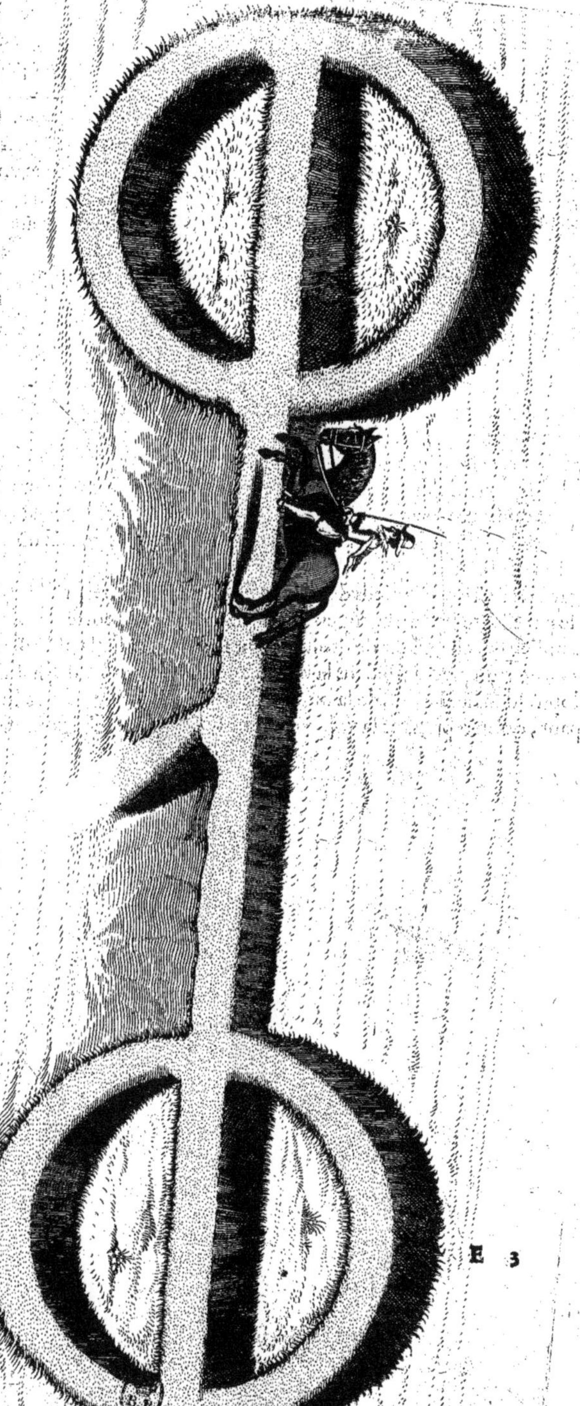

ET s'il luy a reconneu les membres fi bien difpofez qu'il le puiffe exempter de cette fubjection pour le reduire à la perfection des voltes, au lieu de le mener changer de main à l'autre bout de la ligne de la paffade, il commence à luy monftrer à les coupper par le milieu fans
partir du circuit du rond, pour deux fins, la premiere pour mieux chatier le cheual en voltant,
qui eft dur de col & fort chargé d'épaules, & lors il faut que ce changement foit accompagné de l'éperon de dedans, d'vne fecouffe de caueffon, & d'vn tour de poignet de la main de
la bride portée dans la volte, & quelquefois des deux coftez enfemble, auec vn coup de nerf
ou de gaule donné fur l'épaule hors d'icelle, & par fois fur le bout du nez du mefme cofté fub-
tilement effectué, lors qu'il l'auance trop contre l'aide de la main pour aller auant, & pour empefcher auffi qu'il ne fe retiene obftinément fur la pifte du rond pour s'acculer pluftoft que
de la vouloir coupper ; ce que peut facilement effectuer le cheual ou ramingue, comme ennemy d'obeïffance de iufteffe, & d'air proportionné : La feconde eft pour luy faciliter le manege de la paffade, qui n'eftant compofée que d'vne ligne droitte & d'vne demy volte à chaque bout d'icelle pour changer feulement de main, & fe remettre par le droit, fe trouue à
demy proportionnée par ce couppement de volte, qui fe fait à droitte ligne tirée par le milieu d'icelle pour aller changer de main de volte en volte, ou de demye en demye, ou mefmement de quart en quart, comme on peut voir en ce deffein.

Et pour empécher que les cheuaux de grãde memoire ne remarquent le lieu où elle fe couppe, le Caualier le luy pourra changer felon qu'il s'apperceura qu'il s'en voudra preualoir, & ne
le parera non plus toufiours en vne mefme place foit fur la droitte ligne qui couppe la volte,
foit fur la pifte d'icelle, à fin de luy ofter tout fujet de s'y arrefter, & de le tenir par ainfi en perpetuelle fubjetion & obeïffance.

Pour le regard de l'action des pieds de deuant du cheual, le Caualier doit bien auifer à luy
faire prendre le premier temps du changement de main, foit qu'il entre dans la volte, foit qu'il
fe porte par le milieu d'icelle, allant de droit fil pour fe remettre fur la pifte du rond, à fçauoir
entrant pour coupper du pied de dedans la volte, & pour la reprendre du mefme pied, tant au
trot, qu'au galop, l'aidant au furplus de la main de la bride, de la gaule, des iambes & des talons,
tant en couppant, qu'en reprenant la volte de celuy de dedans, & l'arrondiffant de celuy de
dehors.

SI le Cheual a la crouppe legere, mais mal asseurée, il est necessaire de le changer de main, sans changer de rond, pour luy tenir les hanches subjettes sur la piste d'iceluy, & par consequent de l'empescher de hausser le derriere & d'éparer, à fin de luy conseruer l'esquine, qu'il se pourroit détruire si on vouloit consentir à ses ruades auparauant qu'il eust la crouppe bien asseurée, & qu'il répondist aux aides des éperons, aussi bien qu'à la gaule, & partant pour bien faire ce changement de main, le Caualier luy doit porter les épaules tellement auancées hors la volte, que les pieds dederriere n'abbandonnent point la piste du rond, à fin que par cette surprise, il soit contraint de les tenir fermes & vnis sur icelle, iusques à ce qu'il ait remis ceux de deuant sur la piste de la volte changée.

Or ce changement se peut faire pour les raisons susdittes : mais qui voudra luy tenir la crouppe plus subjette & la luy mieux asseurer, il sera besoin, apres qu'il sera libre apres ce premier changement sur cháque main, de le luy faire reconnoistre & bien practiquer comme en forme de passade, telle qu'elle se voit en ce dessein; d'autant que par cette leçon bien entenduë & discrettement exercée, il se rendra si libre du deuant, & s'affermira tellement sur le derriere, qu'il le trouuera tousiours obeïssant à tous les auertissemens de la main, & aides des iambes qu'il luy voudra donner, sans qu'il soit contraint de s'appuyer plus qu'à pleine main sur la bride, pour se releuer du deuant & tourner, ny qu'il doyue dérobber la crouppe du circuit de la volte pour en accompagner le deuant en changeant de main, ioint que la distance qu'il y a de l'vn à l'autre de ces petis tours, luy sert comme de ligne de passade, sur laquelle on luy peut donner telle furie qu'il l'a merité, à fin de le rendre plus obeïssant au parer & au partir de la main, qui se fait ordinairement sur les passades, pour mieux commencer les demy-voltes qui se font à cháque bout, & pour plus furieusement repartir apres qu'il les a iustement serrées.

Mais en quelque façon que le changement de main se face sur les voltes, le Caualier doit obseruer trois choses : la premiere est qu'il faut que le Cheual face la premiere actió du changement, ayant l'œil & le cœur portez sur la piste sans plier le col, ny tourner la teste du costé qu'il doit changer, sur lequel il faut qu'il se porte seulement par vn libre & leger mouuement des épaules : la seconde est de ne le laisser tant auancer hors du circuit de la volte pour changer de main, qu'il ne s'y puisse remettre dans trois temps tout au plus bien pris & bien suyuis: la troisiéme est que pour quelque changement de main qu'il face, qu'il ne luy laisse rompre la mesure, ny le ton de son air à la reprise de la volte changée, mais qu'il la luy face fournir iustement & de mesme cadance : car comme les voltes doyuent estre égales en toutes proportions, aussi les reprises en doyuent estre pareilles d'air, de iustesse & de mesure, autrement le cheual venant à les changer ce seroient plustost confusions, que voltes d'aucun air.

Pour rendre libre à toutes mains le Cheual, qui est plus dur toutesfois sur l'vne que sur l'autre.

TITRE XII.

VOY que tous cheuaux ayent naturellement plus d'inclination à tourner ou volter sur vne main que sur l'autre, & qu'ils soient plus durs de col d'vn costé que d'autre par consequent; si est-ce toutesfois qu'on peut accroistre leurs imperfections à faute de les leur sçauoir bien faire quitter, & les rendre si entiers à quelque main, qu'il est puis apres tres difficile de leur faire perdre telle creance.

Pour le regard du defaut de nature, si le Caualerice est iudicieux & doüé d'industrie, il y pourra pouruoir par quelques moyens qu'il inuentera de luy mesme sans en emprunter ailleurs,

A TRES NOBLE ET TRES VALEVREVX CAVALIER
MONSIEVR *Wolffgang* SEBASTIAN DE *Schavmberg* &c.

leurs, mais s'il aymoit mieux se tenir aux remedes approuuez par l'ancienne practique, que d'experimenter le merite de ses inuentions, à tout le moins le voudrois-ie prier d'en moderer la rigueur, & les appliquer si à propos que son cheual en peust faire son profit pluftoft que son dommage, à fin de ne se trouuer point au nombre de ceux qui pour leur peu de ceruelle croyent que toute imperfection se peut corriger és cheuaux, pourueu qu'on ait bons bras, bonnes perches, bons éperons & toute autre sorte d'instrumens propres à effectuer leurs cruelles passions, sans autre fondement de raison que cette fauce maxime, Que si le cheual ne se veut châtier de ses vices pour les baftonnades & coups d'éperon qu'on luy donne, qu'à moindre raison les quittera-il par la voye de douceur, s'appuyans aussi sur cette vieille resuerie qui porte : Que fol est celuy qui bien éperonné dit à son cheual hay : car ceux qui ont reconneu par le temps & l'experience combien il importe de sçauoir se preualoir de la seuerité, & de la douceur à l'endroit des cheuaux, reprennent leurs temeritez par contraires effets d'autant que quand il leur vient entre les mains des cheuaux tout à fait rebutez sortans de l'école de ces corsaires, ils ne trouuent aucun remede plus conuenable au desir qu'ils ont de les repatrier & leur faire perdre leurs fauces creances, que de les peu & plaisamment mettre sur les premieres leçons qu'ils estiment propres à leurs forces & naturelles inclinations, & au lieu de leur tenir le col & la teste courbée & pliée iusques aux sangles du costé côtraire à leur mauuaise habitude, par le moyen de la corde du cauesson qu'ils y attachoient à fin de les proforcer librement, ils la leur conduisent seulement de la main ; & peu à peu les auertissent de leurs faures en leur tirant la corde du cauesson du costé contraire à celuy sur lequel ils plient le col ; & au lieu des éperonnades continuelles, ils se contentent de les chatoüiller du bout de l'étrieu pres du coude, ou de luy en donner doucement sur l'épaule, pout l'obliger de regarder ce qui les importune, pluftoft que ce qui les tourmente en telles parties, lesquels n'y ont pas pluftoft l'œil ny la teste, qu'ils ne se sentent si fort caressez, que dés aussi-toft qu'ils y reçoiuent par apres les mesmes auertissemens, qu'ils y regardent promptement en esperance d'y estre encore flattez : de sorte que par cette douce leçon prudemment practiquée par le droit, ils font voir en effet que la douceur surpasse la seuerité, & que comme Mercure ne se fait pas de tout bois, qu'ainsi le cheual ne se corrige pas par toutes sortes de châtimens rigoureux, mais bien par la science & la patience de ceux qui les ont à corriger & dresser.

Car si tant est que l'homme doüé de raison, pour comprendre, apprendre & faire toutes choses, ne peut rien conceuoir ny retenir parmy les coups, qu'vn ardent desir de s'en venger & de se defaire de son ennemy à quelque peril que ce soit, à plus forte raison le cheual qui n'a que la seule nature pour luy former la volonté, se voyant subjet à vne main plus inhumaine que raisonnable, & se sentant plus mal traitté que sa complexion ne le peut souffrir, se proforce il de resifter à la cruauté d'vn tel maistre, & de luy témoigner par son obstiné courage qu'il n'est pas né seulement pour les coups de bafton, mais pour faire seruice à l'homme qui le sçaura bien employer selon ses forces & son humeur.

APres qu'il aura redressé & refait le col du cheual qui l'auoit dur & qu'il sera iuste & ferme allant par le droit, attendu que les imperfections inueterées, & de nature & d'vne habitude forcée, laissent tousiours quelque souuenance de soy en la memoire de l'animal, & que lors que le Caualier luy presentera les ronds, qu'il pourroit se ressouuenir de l'affliction qu'il y auoit auparauant receuë, & qu'il en pourroit tirer vne volonté de retomber en son opiniaftreté pour s'en defendre, apprehendant le retour des supplices passez, il faut qu'il le face volter les premiers iours en quelque place dure & bien applanie, où il n'y ait aucune apparence d'école, à fin que ne voyant aucune piste deuant luy, il n'ait point d'occasion de redouter ce qui l'auoit fait deuenir entier, & luy changer souuent de main ; & de volte en volte le remettre par le droit, iusques à ce qu'il connoisse qu'il trotte & galoppe librement

ment

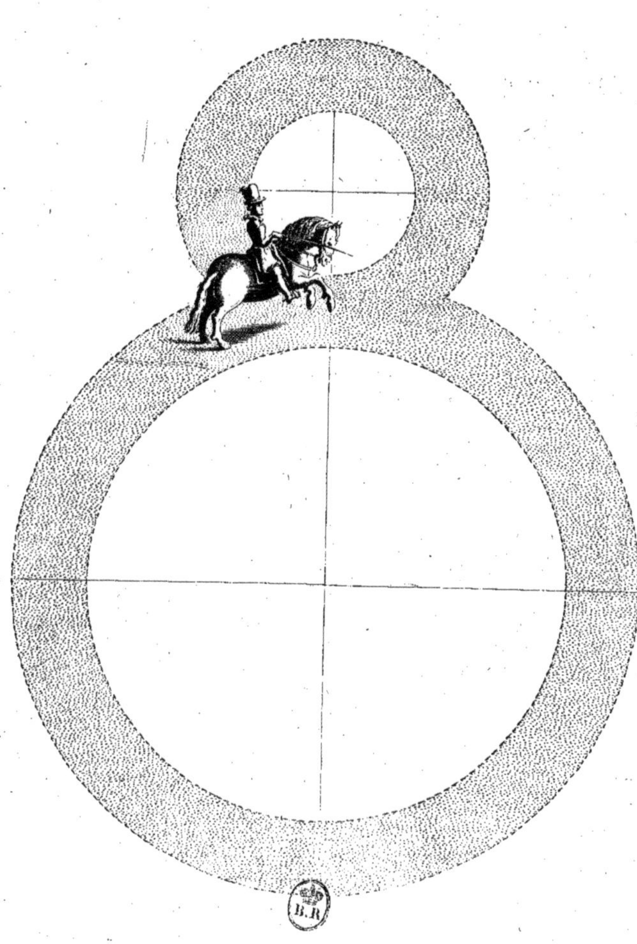

ment, fans fe defunir le col ny tourner la tefte, fur ces ronds qui doyuent eftre fort larges & fpacieux ; & voulant l'ajufter fur le retréciffement des voltes, il fe pourra feruir bien à propos de ce deffein, où fe voyent vn grand & vn petit rond, defquels il en faut vfer ainfi.

Premierement, il faut demander à tels cheuaux deux voltes de trot au commencement fur le grand rond, tant fur vne main que fur l'autre, & puis felon qu'il s'y plaira & s'y rendra obeïf-fant, à fin de luy ofter quafi infenfiblement tout à fait fa premiere apprehenfion, le Caualier recommencera à luy faire faire vne volte fur iceluy, & puis le portera fur la pifte du petit rond pour changer de main, & à mefure qu'il en comprendra la proportion, & qu'il s'y rendra fa-cile, il luy en fera fournir deux ou trois voltes auant que de reprendre le grand.

Et d'autant qu'entrant du grand rond dans le petit, il ne fe fait aucun changement de main, reprenant la pifte du grand apres en auoir tiré quelques voltes, felon qu'il le trouuera difpofé il le pourra remettre dans le grand, pour y aller coupper la volte, apres la luy auoir fait fournir vne fois, à l'vn des quatre poincts des deux lignes qui le couppent par fon centre, & dés qu'il l'aura remis fur la pifte de la circonference d'iceluy, il le luy trottera vne ou deux voltes, ou vne & vn quart feulement, felon qu'il l'aura bien ou mal couppée, & arriuant au petit rond, il luy demandera autant de voltes fur cette main, qu'il en aura fait fur la changée ; & s'il va coupper la volte au poinct de la ligne qui paffe par le centre des deux ronds, il vaudra mieux qu'il aille changer de main tout d'vn train, fur le point où fe finit cette grande ligne fur la pifte du petit rond, que de prendre celle du grand ; d'autant que rentrant par là fur les voltes qu'il y doit fournir, il faudra qu'il y porte l'œil & le courage d'vne action plus auertie que s'il y rentroit par la pifte du grand, ce qui fera que peu à peu il fe déliera les épaules & s'allegera du deuant pour luy complaire en s'y voltant librement pour mettre fin à fa leçon.

Mais fi le Caualier reconnoift que ce changement luy foit trop difficile, il le luy fera ren-trer le plus fouuent fortant du grand, à fin de luy donner moins de fujet de s'y déplaire ; & comme il voira qu'il s'y auancera, il luy prefentera ce changement de main, & apres qu'il le fe-ra librement, il pourra encore pour éprouuer fa facilité & fa bonne volonté luy changer de main, par l'vn des poincts de la petite ligne qui couppe la grande par le milieu du petit rond, & felon qu'il y trottera librement, il pourra commencer à luy donner le galop, & l'ajufter fur fes proportions, gardant l'ordre qu'il aura tenu au trot.

OR d'autant qu'il fe peut rencontrer des cheuaux rebutez par l'imprudence ou infuffifan-ce de leurs premiers maiftres, & qui ont encore outre cela le col dur, fi fougueux & im-patiens, que quand mefme ils n'auroient autre imperfection de nature que la colere & l'im-patience, ils fe depiteroient d'vn changement de main fi limité, que celuy qui fe fait en coup-pant la volte par l'vn des poincts des lignes qui diuifent le grand rond du precedent deffein, i'ay trouué par experience que pour leur donner du plaifir en leur manege, & pour les retenir toutes-fois fur les voltes, il n'y auoit point de meilleur remede que de les trauailler fur le pro-iet de cette figure : car de quelque complexion que le cheual puiffe eftre, le Caualier a moyen de luy donner leçon large ou eftroitte, felon le merite de fes forces & de fon cœur.

Et pour bien practiquer le tout, fi c'eft vn cheual fort colere, on le pourra entretenir fur le grand rond, iufques à ce qu'il ait éuaporé fa fougue, & puis commancer à changer de main dés auffi-toft qu'on le trouuera appaifé, prenât la pifte d'vn des petits ronds, au mefme temps qu'on reconnoiftra qu'il fera en eftat de comprendre quelque proportion de leçon, fur lequel on la luy pourra donner s'il eft defia fi libre fur le grand & à toute main, qu'il faille la luy étreffir ; & s'il n'eftoit pas auffi fi auancé que de la meriter fi contrainte, on a moyen de le re-mettre fur le grand, & le luy trauailler felon fa capacité ; & au lieu de luy faire coupper la vol-te pour luy changer de main s'il y vouloit refifter en fe retenant, on peut au mefme inftant le chaffer auant, & en changer fur l'vn des petits ronds.

Mais

Mais à caufe que ce changement de petit rond ne change pas la main fur le grand, & qu'il ne fert par confequent que pour le retenir en plus grande fubjetion, & pour le faire confentir au libre changement de la main fur laquelle il eftoit, ou fe voudroit faire & fe maintenir entier, on peut toutesfois encore par ce moyen le reduire à coupper plaifamment la volte fans luy donner aucun ennuy : car fortant de l'vn de ces petits ronds, il fe trouue fans aucune incommodité tout preft à fuyure la ligne qui trauerfe le grand rond, au bout de laquelle on le peut mettre à main gauche, fuppofé que pour y paruenir on luy ait fait prendre ce petit tour, pour aller feulement de main droitte à main gauche ; & pour coupper la volte à main gauche pour fe remettre fur la main droitte, on fe peut feruir duquel qu'on veut des deux autres, felon qu'on trouuera le cheual difpofé pour bien changer de main : comme par exemple fi le Caualier s'apperçoit qu'il ait tout à fait quitté fa fougue, & qu'il foit plaifant à la main, apres qu'il luy aura fait faire vne volte entiere fur le grand rond, il le pourra changer fur le petit le plus proche, ou luy en faire faire encore vn tiers, s'il ne le fent pas affez appaifé & délié ; & par cét ordre practiqué fans confufion & de bon iugement, il fe preuaudra tellement auec le temps de l'ardeur du cheual, qu'il la luy fera conuertir en allegreffe & legere obeïffance.

Et fi le cheual fe trouuoit ramingue de fon humeur, il auroit moyen de le chaffer auant fans confufion, d'autant que s'il ne vouloit point aller fur le grád à la main qu'il defireroit, il pourroit facilement la luy changer fur l'vn des petits, & reprenát la pifte du grand, il tanteroit fans incommodité, s'il s'y voudroit volter, & ainfi on feroit d'vne pierre deux coups : car auenant qu'il refufaft le grand, & qu'il prift à plaifir le petit, on éuiteroit le cours des longs & fácheux chátimens qui fe font ordinairement pour le chaffer auant, qui font le plus fouuent caufe, qu'il fe fait retif tout à fait, & s'y rebute, & toutesfois on le chátieroit par quelques bons coups de gaule & d'éperon, pour le pouffer iufques fur le petit rond, où on le feroit volter autant de fois qu'on voudroit.

Mais parce que cela ne luy ofte pas la mauuaife volonté qu'il a de ne point tourner fur le grand, à la main qu'il fait le refus, il faut fortant du petit, prendre la ligne qui diuife le grand, & le remettant fur la pifte d'iceluy, prendre la mefme main, à fin d'éprouuer s'il aura quitté fon opiniatreté : car il faut fçauoir qu'il ne refufe point de s'y volter, pour quelque dureté de col qu'il puiffe auoir, ou pour quelque foibleffe de cerueau, mais bien d'vne inclination naturelle qui porte fon cœur, & le retient, où & felon que fa fantafie le prend, de forte que s'il refufe à prefent d'aller à main droitte, & neantmoins qu'il obeïffe librement à la gauche, on pourra experimenter que tantoft il quittera cette volonté pour volter à droitte, & qu'il fe defendra de la gauche.

En quoy n'y ayant que de l'inconftance en fon erreur, & qu'vne difficulté de fe refoudre à fournir à vn bon manege, toutes les furprifes qui fe font par ces changemens reiglez, me femblent luy eftre plus douces & auantageufes, que les longues & ordinaires efquiauines des Italiens, qui ne fe font qu'en confufion, & defquelles le cheual ne reçoit que mille tormens, au lieu que par cette voye, il ne laiffe pas de receuoir quelque difcret chátiment, & d'eftre toufiours fur quelque proportion d'école conuenable à fa neceffité pour le reduire à raifon.

ON fe peut auffi feruir de ce deffein, où fe voyét quatre petits ronds, fur les quatre poincts des quatres angles du grand, premierement pour reduire le cheual à trotter & galopper auffi librement à droit qu'à gauche : car s'il auient qu'il foit difficile à main droitte, on peut le mettre fur le grand à main gauche, & de quart en quart, le porter fur la droitte prenant le petit rond, & au contraire s'il eft dur à main gauche, on le peut trauailler fur le grand à main droitte, & le volter à gauche fur chácun des petits ; de maniere que pour ne luy donner point trop d'ennuy fur la main qu'il eft difficile, apres qu'il a fait tout le petit, on reprend le grand iufques à l'autre, & ainfi par ce changement on luy empéche toute la mauuaife volonté qu'il pourroit

prendre

prendre de ne fe point volter fur la main de fon defaut : & petit à petit il trouue moyen de s'y
rendre libre, fans en venir à grands chátimens: mais il ne luy faut point faire redoubler les voltes fur pas vn de ces petits ronds qu'il ne les fourniffe gayement fimples auparauant, & fuffit
de le luy difpofer felon qu'il s'en rend capable.

Et luy voulant changer de main, il luy faut faire faire vne volte entiere: au commencement
fur le grand rond, & puis la coupper fur l'vne des lignes qui le diuifent felon qu'on le fent libre à la main, & apres de quart en quart reprendre les petits ronds, y gardant le mefme ftyle
de la main changée, & connoiffant qu'il s'y fait libre, au lieu de luy demander vne volte fur le
grand rond, pour changer de main, il faut entrér dedans le petit par la ligne qui le couppe, &
aller prendre l'autre petit au bout d'icelle, trauerfant le grand par le milieu, & l'ayant mis fur
la pifte du petit rond, le trauailler felon cét ordre iufques à la fin de fa leçon.

A mefure qu'il comprend & fait librement ce changement, au lieu de luy faire reprendre
la pifte du grand, fortant du petit, il faut le porter par la mefme ligne fur l'autre petit rond, où
luy ayant fait faire trois voltes pour le moins, le remettre fur la mefme ligne pour aller changer de main à celuy d'où il eftoit party, & par ce moyen on le difpofe à la paffade fans qu'il
puiffe fuïr la difcipline de la bonne école : car fi on ne le trouue pas encore affez délié pour y
répondre, on peut reprendre le grand, tout auffi toft qu'on s'apperçoit de fon defaut, au lieu
que fi on le vouloit contraindre à faire plus que fes forces, ou fon fçauoir ne le porteroient, il
s'en pourroit dépiter & fuïr la volte, qui fe fait à cháque bout de cefte ligne, par quelque li-
centieufe efcapade qu'il pourroit auec le temps conuertir en vne habitude, pour fe defendre
tout à fait d'obeïr à la recherche que le Caualier luy feróit de fa leçon, fi fpecialemét il y auoit
efté trop tormenté, ou s'il eftoit colere & impatient de fa nature, & fi on la luy auoit permife
fans rude chátiment, s'il eftoit pefant & pareffeux de fon humeur.

Par ainfi donc fans fortir de cette école, il fe voit clairement qu'on peut reduire le cheual
de quelque complexion qu'il foit, à fournir librement à toutes mains, & à redoubler les voltes, ou les faire feulement fimples à cháque bout de ligne; d'autant que s'il eft fingard ou ramingue, on a moyen de le pouffer contre fon gré, ou fur les ronds, où par les droittes lignes
qui les couppent par le milieu, au bout defquelles on peut auffi le remettre fur la pifte des voltes, & l'obliger à les fournir fans aucune conteftation, & s'il eft de bonne volonté, on peut le
luy trauailler felon fon merite, foit qu'on le vueille étreffir ou élargir fur les voltes, ou luy apprendre à changer de main fur vn mefme rond.

Qvi plus eft, on le peut encore exercer fur cette forme de limaçon, tant pour luy affouplir
le col quand il l'a trop dur, ou trop tendu, que pour le rendre libre au retreciffemét des
voltes, mais cela fe doit faire auec vne grande difcretion & patience, attendu que telle contrainte luy pourroit fi fort déplaire, eftant principalement colere, apprehenfif & impatient,
que fi on le luy demandoit trop precipitément, qu'l n'y voudroit aucunement entendre; &
par tant comme les tours different en étenduë, auffi fault-il que le manege y foit different, &
que le Caualier s'en voulant feruir, prenne garde à le faire fi accortement reconnoiftre à fon
cheual, qu'il n'en reçoiue aucun déplaifir, ce qu'il pourra par ce moyen.

Premierement, il le luy mettra au trot du commencement fur les deux plus grands tours,
qu'il luy allentira fur le troifiéme, pour luy faire faire le quatriéme au grand pas, & le refte au
petit, iufques fur le dernier poinct, fur lequel il le retiendra quelque peu en le flattant auant
que d'aller changer de main, ainfi que les fers luy demonftrent, fur laquelle il l'exercera tout
de mefme façon, que fur la precedente, ne luy ranforçant le trot ny le pas qu'à mefure qu'il s'y
rédra libre : Et apres qu'il luy témoignera par fa facilité & obeïffance, qu'il en aura bien compris la proportion, il commencera à luy changer, fon trot, au galop; & fon pas, au trop, felon
les tours precedens, luy faifant finir ce limaçon fur cháque main au petit pas, ne luy épargnant

point

G

point les caresses dés qu'il arriuera sur le centre, ny ne luy accroissant aucunement la gaillardise du galop, ny la vigueur du trot, qu'en tant qu'il en fera son profit.

Que s'il veut changer de main sans luy donner air au lieu accoustumé, apres qu'il y fournira librement au galop & au trot iusques à l'arrest, il faut qu'il luy relâche vn peu de cette grande contrainte, où il se voit reduit depuis le lieu où il se remet au pas iusques sur le poinct du centre, & que tout aussi tost qu'il le luy fait prendre, qu'il luy presente le temps de la main de la bride, & l'aide, tant de la gaule & de la iambe, que du talon, pour retourner sur le premier rond, au lieu de le luy laisser parfaire au petit pas, & qu'il le luy porte au grand, à fin de luy donner moyen de conceuoir plus ayſément le temps du changement, pour luy faire reprendre & continuer le galop plus gayement, le trot plus vigoureusement, & le pas plus resolument.

Et pour le regard des aydes, il ne doit pas manquer à les luy presenter de quart en quart de chaque tour, à chaque main, & selon son besoin, & auec autant plus de douceur que cette leçon est celle où il trouue le plus de peine, tant à cause du retrecissement & de la disparité des ronds, que du changement qui se fait du galop, au trot, & du trot, au pas d'école, sçauoir est leger & retenu sous l'appuy de la bonne main.

Com

Comme il faut apprendre au cheual, à marcher fur les hanches par le droit, & à fe volter, tenant toufiours la crouppe dans la volte.

TITRE XIII.

DE toute ancienneté on s'eft feruy de la muraille, pour monftrer au cheual à chemi-ner fur les hanches, ou de cofté, & mefmement auiourd'huy, les Italiens ne fe fer-uent encore d'autre chofe pour y aduire les leurs, qu'ils y trauaillent en cette façon; leur ayant fait accofter la muraille, ils les y font cheminer au pas tout du long, de telle forte toutesfois qu'ils iettent la crouppe hors d'icelle le plus qu'ils peuuent, iufques où ils leur veulent changer de main, là où ils les retiennent fermes la tefte vers la muraille, tant qu'ils leur ayent ramené toute la crouppe pres d'icelle, comme s'ils les y vouloyent pourmener de droit fil, puis les flattent, s'ils le meritent, & apres leur auoir fait faire vn ou deux pas en auant, ils la leur font ietter hors de la droitte ligne, tout de mefme que fur l'autre main, iufques au lieu d'où ils font partis, où ils les retiennent auffi quelque temps apres les y auoir redreffez, pour changer de main; & felon qu'ils s'y rendent durs ou faciles, ils les obligent d'y aller au trot dés le premier iour, par les aydes qu'ils leur donnét, tant de la main de la bride, de la voix, & de la gaule, que de la iambe & de l'éperon; & s'ils ont affaire à quelques Caualerices fantaf-ques & impatients, ils les y font contraindre par quelqu'vn qui les accompagne auec vne bonne gaule en main, ou vn nerf, ou la chambriere de laquelle il leur en va battant fans pitié le flanc du cofté de la muraille, tandis qu'ils les retiennent fubjets à la main & leur donnent des flancades iufques au bout d'icelle du mefme cofté: mais les plus fages s'en abftiennent pour la premiere fois, & ne táchent tout au plus, que d'en tirer au pas auerty vn changement refolu à chaque bout, differant toute feuerité au landemain, & à l'occafion qu'ils auront de les y reduire par force.

Pour le regard des aydes, le Caualier doit tenir la main de la bride droit fur le col, & con-duire la tefte de fon cheual du poignet feulement, le tournant vers le lieu où il voudra aller changer de main, fans faire aucun mouuement du bras, à fin de ne luy point falfifier l'appuy de l'emboucheure, non plus que celuy de la bonne main par quelque mauuais tour de bras, comme font ceux qui fans confiderer & iuger qu'il n'y a rien qui force ny qui fauce plus la bonne bouche, que l'action déreiglée de la main, ne peuuent, ou ne fçauent autrement tra-uailler les leurs qu'à force de fecouffes de bras, & de coups d'éperon; & pour bien employer fa iambe & fon talon, auant que de les mettre en befoigne, il doit reconnoiftre fi fon cheual eft auffi leger & délié du deuant que du derriere; & le trouuant tel, il la tiendra aualée tout ainfi que s'il eftoit à terre fur fes pieds, & l'en auertira du plat fimplement: mais s'il eft plus libre de la crouppe que des épaules, il faut qu'il luy donne du bout de l'étrien fur l'épaule, & qu'il l'a-uertiffe du talon pres de la premiere fangle, du cofté gauche pour aller à droit, & du cofté droit pour aller à gauche, luy prefentant le temps de ces deux aydes l'vn apres l'autre, accompagnez toutesfois en mefme inftant de celuy du poignet, & d'vn petit coup de gaule fur la cuiffe du cofté contraire à celuy fur lequel il le porte, & gardant cét ordre tant fur vne main que fur l'autre fans precipitation, il le l'y determinera bien toft auec plus de plaifir que de peine.

ON peut aussi facilement faire entendre & prendre au cheual, le temps, l'aide & l'auertissement de la iambe & du talon, l'attachant à vn pilier, ainsi qu'il se voit en ce dessein, mais il le l'y faut trauailler fort discrettement, de peur de luy partroubler le cerueau, qu'il doit tousiours auoir sain & net, pour bien comprendre ce qu'on desire luy apprendre ; si bien que pour s'en preualoir auec raison, il faut luy en tenir la teste assez esloignée au commancement, & l'arrester de quart en quart du tour que le Caualier luy voudra faire faire, en l'aydant tant de la main & de la gaule, que de la iambe & du talon, selon qu'il en aura besoin, qui se souuiendra de ne le point forcer sur cette leçon les premiers iours, s'il ne veut auoir le plaisir de le voir s'abbattre dessous luy, à faute d'auoir le cerueau assez fort pour en supporter la contrainte : ce qui me fait dire qu'il n'y a pas moins de peril de le luy trop trauailler, qu'il y en a de trop longuement luy faire fournir à son air sans luy donner aleine & relache : car comme l'excez de l'vn le destruit de vigueur & de force, ainsi celuy de l'autre le ruine, d'esprit & de memoire, attendu que c'est en la teste où les sens & l'entendemét font leurs operations, qui vne fois blessée au dedans n'est plus capable de raison, ainsi que l'experience la monstré en plusieurs bons cheuaux, à ceux qui pour la leur auoir trop tormentée, les ont veuz deuenir aueugles, ou si étourdis qu'ils ne pouuoient plus rien faire qui ressentist son cheual dressé.

Or pour le bien faire cheualer, tant sur vne main que sur l'autre, il le doit tenir le plus droit de tout le corps qu'il pourra, à fin de le contraindre d'enjamber plus qu'il ne feroit s'il luy permettroit d'auancer le deuant plus que le derriere, & le passeger patiemment & plaisamment tout au tour, sans luy precipiter le pas, pour luy faire prendre le trot, ny le trot pour le faire galopper, qu'il n'y fournisse gaillardement & sans contrainte, se souuenant qu'il n'y a que le temps & la bonne discipline qui luy en puissent faciliter la practique, n'attendant pas à l'arrester iusques à ce qu'il luy sente alentir sa vigueur, ains preuenant l'affoiblissement de son cerueau qui le pourroit contraindre à s'arrester de luy mesme, il luy donnera le temps de se le fortifier en luy faisant prendre souuent aleine ; & pourra reconnoistre le besoin qu'il aura d'air lors qu'il s'apperceura qu'il tâchera de luy forcer la main, & qu'il iettera tout d'vn temps la crouppe, comme en droitte ligne, sur le costé qu'il le porte pour châger de main, ou pour s'arrester de luy-mesme ; & alors il l'accostera de la iambe, du talon & de la gaule, pour luy remettre la crouppe en estat de pouuoir obeïr à ce changement preuenu, pour l'empécher de s'en preualoir par apres, s'il le l'y arrestoit sans luy faire faire pour le moins quelque quart de volte auant que de luy rendre la main & le caresser, pour continuer à le l'y trauailler autant qu'il estimera qu'il y pourra fournir, auant que de le remettre sur la main qu'il se sera apperceu de sa debilité, sur laquelle il l'entretiendra moins & plus doucement que deuant, à fin de la luy faire aggreer autant que l'autre en le l'y demontant auec force caresses.

LB

LE Caualier fortant fon cheual de ce pilier pour commancer à luy affiner & parfaire ce manege, il le mettra fur vn rond de moyenne grandeur, qu'il luy fera reconnoiftre au pas vne
fois à cháque main fans le contraindre, ny mefme l'auertir de porter la crouppe en dedans,
puis tout doucement il luy prefentera l'ayde de la iambe, & du talon, & de la gaule quant &
quant fi befoin eft, pour l'obliger à quitter la pifte des pieds de derriere, & de fe volter felon
la pofture que ce deffein reprefente, par les lignes duquel il fe voit que le deuant doit eftre
toufiours quelque peu plus auancé fur la circonference de la volte que le derriere, tant fur vne
main, que fur l'autre, à fin qu'il fe ramene & fe retienne plus feurement fur les hanches : & par
la difpofition des fers il appert que les deux pieds du contraire à la main qu'il va, doyuent cheualer les deux autres par deffus, & non par deffous.

Et d'autant qu'il eft fort difficile d'y entretenir le cheual longuement en vigueur, & en volonté de bien faire fans luy donner de l'air, il le faut aux premiers iours arrefter de volte en
volte, puis de deux en deux, & en fin de trois en trois, ou de tant en tant qu'il en pourra fournir fans déplaifir & incommodité, fans les luy faire redoubler ny changer de main tout d'vn
temps & d'vn train, qu'on ne le l'y fente auparauant bien difpofé ; & prendre auffi foigneufement garde à le parer toufiours droit fur les hanches, tantoft en vn lieu, & tantoft en l'autre,
pour le diuertir de fe retenir de luy-mefme fur celuy qu'il pourroit remarquer deuoir prendre
aleine, qu'on ne luy doit donner s'il tire, ou pefe à la main en parant, qu'on ne l'ait fait auparauant reculer deux ou trois pas, & reporté fur la place de fon défaut, à fin de luy ramener &
releuer la tefte en beau lieu, & luy faire prendre vn doux appuy fous la bonne main.

Et l'ayant rendu auffi libre fur vne main, que fur l'autre felon cét ordre & le nombre de ces
voltes, fi le Caualier luy en veut faire changer fans l'arrefter, il faudra, apres luy auoir fait faire
vne volte fur la droitte, qu'il luy face vn temps de poignet comme s'il le vouloit parer, & qu'il
luy en prefente vn autre quafi entre bond & volée, dés qu'il reprendra terre, pour luy faire
fournir vne feconde battuë, à fin de luy mettre cependant, & par ce moyen, la crouppe en tel
eftat, qu'à la deuxiéme il luy puiffe faire prendre l'ayde de la iambe, du talon, & de la gaule,
pour obeïr au temps de la main de la bride, qu'il luy prefentera au mefme inftant, pour en faire vne autre à main gauche ; & lors qu'il reconnoiftra qu'il changera ainfi de main gaillardement, il luy en demandera deux fur chacune d'icelles pour derniere leçon auant que de le parer, l'aydant comme deuant, fans le l'y preffer plus qu'il ne meritera, ayant perpetuellement
égard à fes forces, auffi bien qu'à fa volonté, & à l'entretenir fur cette école d'autant plus long
temps & plaifamment, que la practique en eft neceffaire pour le combat d'homme à homme,
tant pour gaigner la crouppe de l'ennemy, que pour empécher de fe la laiffer gaigner en luy
tenant toufiours tefte.

TRAI

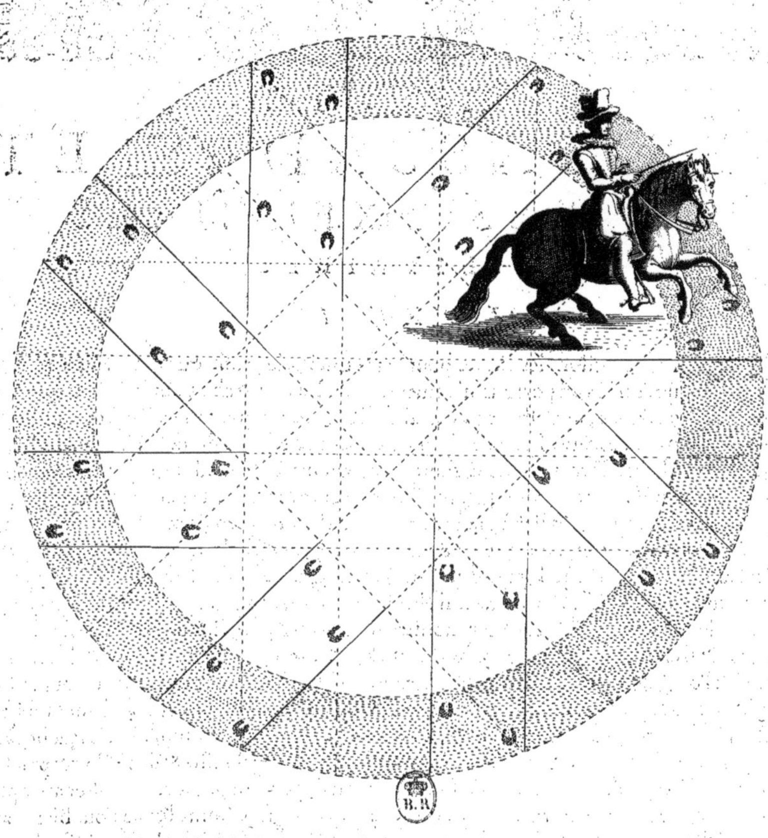

A TRES NOBLE ET TRES VAILLANT CAVALIER, MONSIEVR
FRIDERIC DE GELHORN ET SCHWENGNIGK IN PSCHIDROWITZ. &c

TRAICTÉ
DES PASSADES, ET
AVTRES EXERCICES
MILITAIRES.
TITRE I.

S I nous prifons les chofes pour leur vtilité & le profit que nous en retirons, & nous nous en portons affectueufement à la recherche, pour le befoin que nous en auons, ie n'eftime pas qu'aucun Caualier puiffe contredire à ce que ie dis, qu'il ne fçauroit faire vn bon coup, ny bel exploit de fa main, qu'il n'ait vn cheual bien iuftement fourniffant autant de paffades qu'il en aura befoin, pour fauuer fon honneur & fa vie; qui luy eft fi neceffaire, qu'il ne fe peut monftrer ce qu'il eft, ny fignaler fon courage és lieux mefme de plaifir, s'il n'y eft bien dreffé; & d'auantage qu'il ne peut en guerre défaire, ou fe fauuer de fon ennemy que par le moyen des paffades, qui pour ces raifons nous feruent de pierre de touche, tant pour reconnoiftre le merite du cheual, que la valeur & l'adreffe du Caualier: car fi elles font longues, comme par les reigles des bónes écoles elles le doyuent eftre, le cheual y monftre tout ce qu'il a de vifteffe, d'hardieffe, & d'obeïffance; & fi elles font courtes, on y voit & au Caualier & au cheual, la repartie & la retenuë, l'efquine & l'obeïffance de fa bouche, fa prefteffe à fe volter librement à cháque main par l'art & l'induftrie du Caualier, qui l'ayant bien dreffé à ce manege fe peut ainfi facilement defendre, affaillir & gaigner la main & la crouppe de fon ennemy, pourueu auffi qu'il le fçache faire partir comme il doit, luy donner furie en temps & lieu, le parer iufte & droit de corps felon qu'il luy conuiendra: l'attendre en quelque façon qu'il le faudra prendre, le volter auec plus & moins de hafte, & le retenir ferme, ou le repartir; parce que comme l'épée pour bien tranchante qu'elle foit en la main du foldat, ne bleffe point s'il ne la fçait employer; ainfi tel pourroit auoir le meilleur cheual du monde, qui toutesfois ne fera aucun effet s'il ne l'en recherche, par les voyes ordinaires de la Caualerie.

Comme il faut mettre le cheual fur les paffades
au trot.
TITRE II.

L E Caualier ayant bien alegery fon cheual du deuant par le moyen des calates ou baffes, & luy ayant donné le mouuement des hanches ferme & libre, pour accompagner celuy des épaules, rendu iufte & obeïffant au parer, & à fe volter droit de col

& de

& de tefte à l'vne & à l'autre main, tant au pas, qu'au trot & au galop, & patient à l'éperon, il pourra puis apres le mettre fur les paffades, luy en donnant premierement la connoiffance au pas auerty, retenu & leger, trois ou quatre fois, tant de la longueur que de la rondeur des voltes qui fe font à cháque bout d'icelle, à fin de luy ofter tout fujet de confufion; & puis le l'y porter de trot vigoureux & fouftenu, tant pour l'accouftumer à prendre de mieux en mieux l'aide de la main, que celuy de la iambe & de l'éperon, venant au bout de la paffade pour faire la volte entiere, ou la demye; que pour fe remettre fur la pifte d'icelle, auec les han-ches qui doyuent toufiours bien accompagner le maniement du deuant.

Quand à la longueur des paffades, les vns l'ont arreftée à vingt pas, & les autres à tren-te, & fait les voltes larges de fix, & de quatre paffant à droitte ligne par le centre : mais i'en remets quant à moy le tout à la prudence du Caualier, qui le doit mefurer à la force, inclination & courage du cheual qu'il y voudra mettre, n'eftant pas raifonnable, de la de-mander auffi longue & furieufe à vn cheual foible & delicat, qu'à celuy qui fera doüé de grand nerf & de bon courage, eftant chofe affeurée, que pour quelque bonne volonté que puiffe auoir le foible, qu'il faut toutesfois que fon courage cede à la neceffité de fes forces, & que par tant le fage Caualier en doit vfer en bon ménager pour le conferuer & maintenir fain & net de toutes tares, qui pour le bien trauailler felon ces confiderations, la pourra donner longue de vingt pas, au cheual colere, impatient & foible, ou à celuy qui s'abbandonnera fur la main, auec la volte large de fix, tant pour luy abbattre fa fou-gue par vne médiocre diftance des voltes, que pour luy donner moyen de repartir plus gaillardement de la main pour fe porter preftement au bout d'icelle, & pour prendre l'ap-puy tel qu'on le luy defire fous la douce main : Et s'il eft ramingue ou pareffeux & tou-tesfois de bonne force, il me femble que ce ne fera point le fouler de le pouffer trente pas, & le faire volter fur des ronds larges de cinq ou fix, attendu que c'eft vne reigle approuuée de tous, qu'il faut trauailler ordinairement les ieunes cheuaux au long & au large, auant que de les étreffir & accourcir fur leurs maneges; d'autant qu'il eft bien plus facile de les étreffir ayant efté vne fois bien dreffez au large, que de les élargir quand on leur a retranché dés leurs principes la commodité de cette premiere leçon.

Et d'autant que la iufteffe du cheual eftant fur les paffades, dépend des effets de la main, de la iambe & de l'éperon du Caualier, il faut qu'arriuant au bout pour le volter, qu'il l'a-uertiffe ou de la corde du caueffon, ou de la gaule à prendre la volte, & de tenir quelque peu la tefte fur le cofté qu'il voltera vn peu auparauant ou au mefme inftant qu'il l'en auertira de la main de la bride, qu'il doit porter en telle forte que le poignet fe trouue fi bien difpofé, que le petit doigt fe puiffe facilement découurir; ce qui fuffira pour luy faire porter la tefte & les épaules iuftement fur la pifte de la volte, l'accoftant du talon gauche, comme à deux petits doigts des fangles tirant vers les flancs, pour luy retenir & entretenir les hanches fur icelle; fe prenant bien garde d'accompagner la bride du bras, en le paffant fort auant du co-fté qu'il le tournera, d'autant qu'il doit toufiours eftre droit & ferme tendu par le milieu du col, tant pour luy conferuer les barres faines & entieres en n'en battant pas plus l'vne que l'au-tre, que pour ne fe découurir à l'ennemy, qui outre ce qu'il pourroit facilement iuger de l'in-tention du Caualier, & le preuenir en fon deffein en luy voyant faire ces tours & retours de bras, luy pourroit encore à fa perte & confufion coupper les rénes au poing, qui luy refte-roient feulement pour defence, pour témoignage de fon incapacité : & voltant à gauche, il n'aura qu'à retourner dextrement le poignet de la main de la bride, & ouurant la iambe gau-che pour s'en appuyer fur l'étrieu, porter en mefme temps le talon droit à pareil lieu du co-fté droit qu'il tenoit le gauche voltant à droitte, & ne l'en ofter point qu'il ne l'ait iufte-ment remis fur la ligne droitte pour continuer fa leçon; ayant pareillement égard à prendre fon premier temps de volte, de telle façon que le cheual allant à main droitte cheuale la

H

main gauche fur la droitte, & la droitte fur la gauche voltant à gauche, tant pour rendre le manege parfait que pour ofter toute confufion, & éuiter le peril qui s'en pourroit enfuyure fans cét ordre.

Et pour ne laiffer rien à dire de ce qui fait à la perfection de cette premiere leçon, le Caualier ayant porté fon cheual droit & ferme de tefte & de col, iufques au bout de la ligne, où il le veut volter, fuyuant l'vfage de la bonne école il luy fera faire deux ou trois voltes de trot fur chaque main, à fçauoir à vn bout fur la main droitte, & à l'autre fur la gauche, luy tenant toufiours la bouche fous vn appuy temperé, & le luy entretenant continuellement fans alterer ny diminuer en quelque façon que ce foit la vraye battuë de fon trot, iufques à ce qu'il l'aura comprife, & qu'il ait reconneu par fon obeiffance qu'il le deura parer & careffer pour le renuoyer à l'écurie.

Et parce qu'il y en a encore qui par vne vieille routine practiquent toufiours le tout temps, le demy temps & le contretemps, & qui arriuans à vn pas pres du rond, arreftent & leuent le cheual pour le luy porter, ils me pardonneront s'il leur plaift, fi ie dis que le braue Caualier ne doit iamais arrefter fon cheual ny le releuer, toutes & quantesfois qu'il luy fent fes forces bien vnies, & affez d'aleine & de courage pour fournir vigoureufement la volte entiere, ou fimplement la demye, qui eft la perfection à laquelle il le veut conduire, & que iamais auffi il ne luy doit prefenter la volte venant au bout de la paffade defuny, ou tirant, ou pefant à la main, & abandonné fur les épaules & fur l'appuy de l'emboucheure, ains l'arrefter tout à fait & le faire reculer, iufques à ce qu'il l'ait redreffé, ou ramené, ou releué, & allegery du deuant & fait reprendre vn iufte appuy de bouche & de main : Car c'eft vne chofe tres-veritable que s'il l'accouftumoit à ces temps, qu'il luy donneroit occafion d'y penfer pour y fournir dés qu'il partiroit de la main, & de s'arrefter de luy mefme, lors qu'il arriueroit au lieu qu'il deuroit l'en rechercher, contre la maxime qui veut que le cheual ne fe tienne attentif qu'à la feule volonté du Caualier; & qui pis eft c'eft que fi vne fois il l'en recherchoit & l'autre non, qu'il ne s'affeureroit iamais d'auoir bien fait, s'imaginant que cette retenuë pour faire l'vn de ces temps, feroit pour l'auertir de fe tenir preft vne autre fois d'y fournir, auant que de fe mettre fur la volte, ou de ne tirer pas la paffade de là en auant fi preftement, qui toutesfois ne peut eftre trop vifte ny rigoureufe.

Pour

Pour redreſſer le cheual qui ſe couche ſur les voltes des paſſades, l'élargir, quand il s'y étrecit; & pour luy rapporter & retenir la crouppe ſur la iuſte piſte, quand il l'en iette hors.

TITRE III.

'AVTANT que pour la perfection de la volte, le cheual la doit fournir iuſte, de teſte & de col, & bien égal des hanches qui doyuent touſiours accompagner le mouuement des épaules, & que neantmoins il s'en trouue qui s'y couchent & s'y abbandonnent par peſanteur naturelle ou par lácheté; l'étreciſſent, ou pour eſtre plus durs d'vn coſté que d'autre, ou par vraye malice, & iettent la crouppe hors de la piſte; le Caualier les pourra redreſſer les trauaillant ſelon le projet de ce deſſein, non ſeulement en les châtiant de l'éperon pres des ſangles du coſté qu'ils ſe coucheront, venans à ſe volter à chaque bout de la paſſade; mais encore portant la main vn peu plus haute qu'il ne feroit, s'ils eſtoient droits & hors la volte, s'y aneruant fort ſur l'étrieu, & luy faiſant ſentir vertement l'éperon, en reportant toutesfois promptement la iambe en auant, & luy redoublant de temps en temps les éperonnades, ſelon qu'il connoiſtra qu'elles leur ſeront profitables; & les élargir en leur rendant la main, & les chaſſant auant en les aydant de l'éperon de dedans la volte, ou les en châtiant s'ils accompagnent leurs defauts d'vne mauuaiſe & obſtinée volonté; & en cas qu'ils ne ſe vouluſſent pas élargir, ou pour l'aide de la main, & du talon, ou pour ce ſeul châtiment, alors il y employera les deux éperons, & les en battra en meſme temps des deux coſtez ſi viuement qu'ils viennent à s'apperceuoir du ſujet de ce traittement, & qu'ils ſe deportent de leurs malices pour euiter telle rigueur.

QVant à ceux qui iettent la crouppe hors la piste de la volte, il se comportera auec eux en cette façon, pour la leur remettre & retenir dedans ; sçauoir est, si le cheual voltant à main droitte la dérobbe en dehors, & n'en accompagne pas le mouuement des épaules comme il doit, il l'accostera premierement de la iambe que du talon gauche, tirant vn peu vers les flancs, pour éprouuer s'il obeïra à cét auertissement auant que d'en venir à la rigueur ; & auenant qu'il ne face pas son profit de cét ayde, il luy fera sentir du mesme costé ce que peut son éperon, luy en donnant à trois ou quatre doigts arriere les sangles, qui est le vray lieu où se doit donner l'aide, ou le châtiment ; le soutenant aussi de la main de la bride, & l'accompagnant d'vn mouuement de poignet contraire à celuy qui se doit faire pour le maintenir iuste & droit sur le circuit d'icelle, & tel qu'il le faut faire quand on le veut chasser auant, sans neantmoins le laisser sortir de la piste, s'il ne connoissoit qu'il s'y voulust retenir pour s'y acculer ; en quoy il faut qu'il prenne garde à bien rapporter l'action de sa main au châtiment qu'il luy donnera, tant pour luy conseruer l'appuy de la bouche, que pour ne le point soutenir mal à propos en son defaut.

Et soit qu'il l'ayde de la iambe, ou qu'il le châtie de l'éperon, il doit plustost la tenir auancée qu'en arriere, & s'appuyer sur l'étrieu, que le negliger, parce qu'outre ce qu'estant ainsi fermement auancée elle l'empêche de se coucher sur la volte, & luy fait la grace plus belle, il luy en peut porter vn châtiment plus vif & pesant, que s'il en estoit tout proche, estant chose certaine que les coups de l'agent, font plus d'effet, quand il est mediocrement distant de son sujet, que quand il le touche ; & s'il estoit chatoüilleux, il pourroit encore employer le bout de l'étrieu, pour luy reünir le derriere auec le deuant, en l'en chatoüillant quelque peu pres du coude, qui est vne partie si sensible qu'il ny pourroit estre si peu importuné, qu'il n'y vouluft tout aussi tost ietter l'œil, pour reconnoistre ce qui le presse, & qu'il n'y tournast la teste pour remarquer ce que se peut estre pour s'en defendre, ou pour se déporter de la faute, pour raison de laquelle il y seroit affligé ; ce que ne pouuant effectuer que fort difficilement si le Caualier le tient ferme sous l'appuy de la main, sans reporter la crouppe sur la piste de la volte, cét ayde seruiroit autant qu'vn fort seuere châtiment.

S'il fait le mesme desordre voltant à gauche, il l'auertira seulement de la iambe droitte, auant que de luy parler de l'éperon en pareil lieu que dit est, sans toutesfois s'obstiner pour les premiers iours à la l'y vouloir porter & retenir à force de coups, parce qu'il y a des cheuaux qui veulent beaucoup de temps pour conceuoir ce qu'on leur demande, & pour s'apperceuoir de leurs fautes, lesquelles ils ne peuuent quitter que par la patience du Caualier, & par la longue practique des reigles de la bonne école ; & d'autres qui font plus d'vn aide bien donnée, que de mille flancades, comme ennemis mortels de la seuerité, ausquels il ne faut que la douceur pour gaule, nerf & éperon : & d'autres qui demandent tantost des aydes, & tantost des coups, pour s'asseurer, se resoudre & s'affermir en leurs actions ; de maniere que c'est au Caualier de sonder bien au vif, ce que c'est que du naturel des vns & des autres, pour les traiter tous en particulier selon leurs merites, sur peine de n'en moissonner que du déplaisir & n'en receuoir que du repentir, de les auoir entrepris & long temps trauaillez, pour toutes sortes de fruicts de ses labeurs.

A propos du naturel des cheuaux, & parce qu'il s'en trouue de si impatiens, qu'ils ne peuuent prendre le temps ny la patience de fermer iustement la volte, ains qui se courbent, ou s'acculent, ou se proforcent de reprendre la ligne droitte de la passade, de peur de redoubler les voltes sur la mesme main, & pour en aller changer à l'autre bout, à fin de mettre plustost fin à la leçon ; pour remedier à leur confusion, le Caualier leur fera changer de main au mesme lieu qu'ils la veulent finir en desordre, & les y retiendra, voltant tantost sur l'vne & tantost sur l'autre, iusques à ce qu'il leur ait fait passer leur ardeur, les remettant puis apres tout aussi tost sur la piste de la main changée ; comme par exemple, si le cheual voltant à droitte, vou-

loit

H 3

loit reprendre la ligne de la paffade pour aller promptement changer de main, fans auoir iuftement ferré la volte à main droitte, dés auffi-toft qu'il le fentira en cette volonté, il le voltera à gauche au mefme lieu, & luy fera bien arrondir la volte, tant du derriere que du deuant,
auant que de le remettre fur la paffade, & s'il perfiftoit impatiemment en fon opiniaftreté de
partir de luy-mefme, tant s'en faut qu'il le deuft porter à l'autre bout, qu'au contraire il le
doit rechaffer fur la main droitte, & l'entretenir là fur l'vne & fur l'autre, iufques à ce que pour
le moins, il en ait fourny vne entierement iufte, pour pouuoir reprendre la ligne de la paffade,
à fin d'aller changer de main felon l'ordre de la bonne école, qui ne permet iamais au cheual
de fe volter, repartir & finir à tours contez à la façon des bœufs de Suze, qui finiffoient leurs
iournées à pas nombrez & fans paffer autre.

Pour le regard des ronds, ils fe doyuent ordinairement faire en lieu où le terroir panche, &
en telle forte qu'au bout de la ligne droitte on puiffe commencer la volte en defcendant, & la
ferrer en montant pour reprendre la paffade, d'autant que le cheual commençant à fe volter
contre bas, eft quafi contraint d'en ramener & foutenir l'action fur les hanches, à fin de fe retenir fur la pifte du rond, qui eft caufe que s'il vouloit en ietter la crouppe hors eftant au plus
bas du terrain, qu'il ne le pourroit pas facilement, attendu qu'il en doit également accompagner le deuant pour bien vnimant monter en tournant, & pour fe foulager les épaules, & fe
conferuer la bouche entiere fous vn bon appuy de main ; & telles voltes font fort propres à
dégourdir le cheual de grand nerf & de bonne force.

DE toute ancienneté les bons maiftres fe font encore feruis de deux ronds en lieu bien applany, my-partis par la droitte ligne de la paffade, au bout de laquelle il faut commencer
la volte par l'vne de fes parties, & la finir par l'autre, pour remettre le cheual fur la mefme pifte
de la paffade, iuftement par où il aura pris la volte, qui eft vn manege fort propre pour foulager le cheual foible, & neantmoins de bonne volonté, à caufe que les voltes en font plus larges que celles du precedent deffein, & qu'elles font en vn lieu bien vny, là où les autres font fur
vn terroir panchant, où le cheual a beaucoup plus de peine à s'affermir fur les hanches en defcendant & montant, qu'il n'a pas icy, & où il le faut ayder non feulement du gras de la iambe, mais auffi du talon hors la volte, & de la gaule ou du nerf, fur le mefme cofté, & du caueffon en luy tirant la corde de celuy de dedans la volte, & luy portant la main de la bride s'il
eftoit pefant & abandonné, le chaffant en auant auec les deux gras des iambes, ou les deux
éperons pareils, ou luy donnant de la gaule fur l'épaule hors la volte, pour luy refoudre le deuant en icelle, plus & moins felon qu'il fera fenfible : car eftant fort courageux, le feul fifflement de la gaule le pourra corriger en la luy abbaiffant fur l'épaule, & practiquant accortement cét ordre, tant fur vne main que fur l'autre, le Caualier aura bien toft fon cheual faict à
la paffade.

Or pour fatisfaire à la curiofité de ceux, qui ne fe voudroyent pas perfuader l'inutilité de
tout temps, demy temps & contretemps, qui fe practique encore en quelques lieux d'Italie fur
les paffades, & qui aymeroient mieux fçauoir comme ils fe font, que pourquoy les bons Caualiers les ont bannis des bonnes écoles ; ils faut qu'ils fçachent que pour aduire le cheual à faire celuy de tout temps, qu'il le faut leuer & foutenir deux fois en l'air, & le porter fur la volte,
comme il veut prendre terre pour finir la troifiéme pefade ; & celuy de demy temps le leuer &
foutenir vne fois, & le porter fur la volte, lors que leué pour la feconde fois, il veut prendre terre pour finir la deuxiéme pefade, & que pour fournir au contretemps, que le Caualier le doit
mettre fur la volte dés auffi-toft que l'ayant paré il fe leue pour faire vne pefade entiere, &
qu'il eft preft de reprendre terre, pour en faire vne autre.

Com

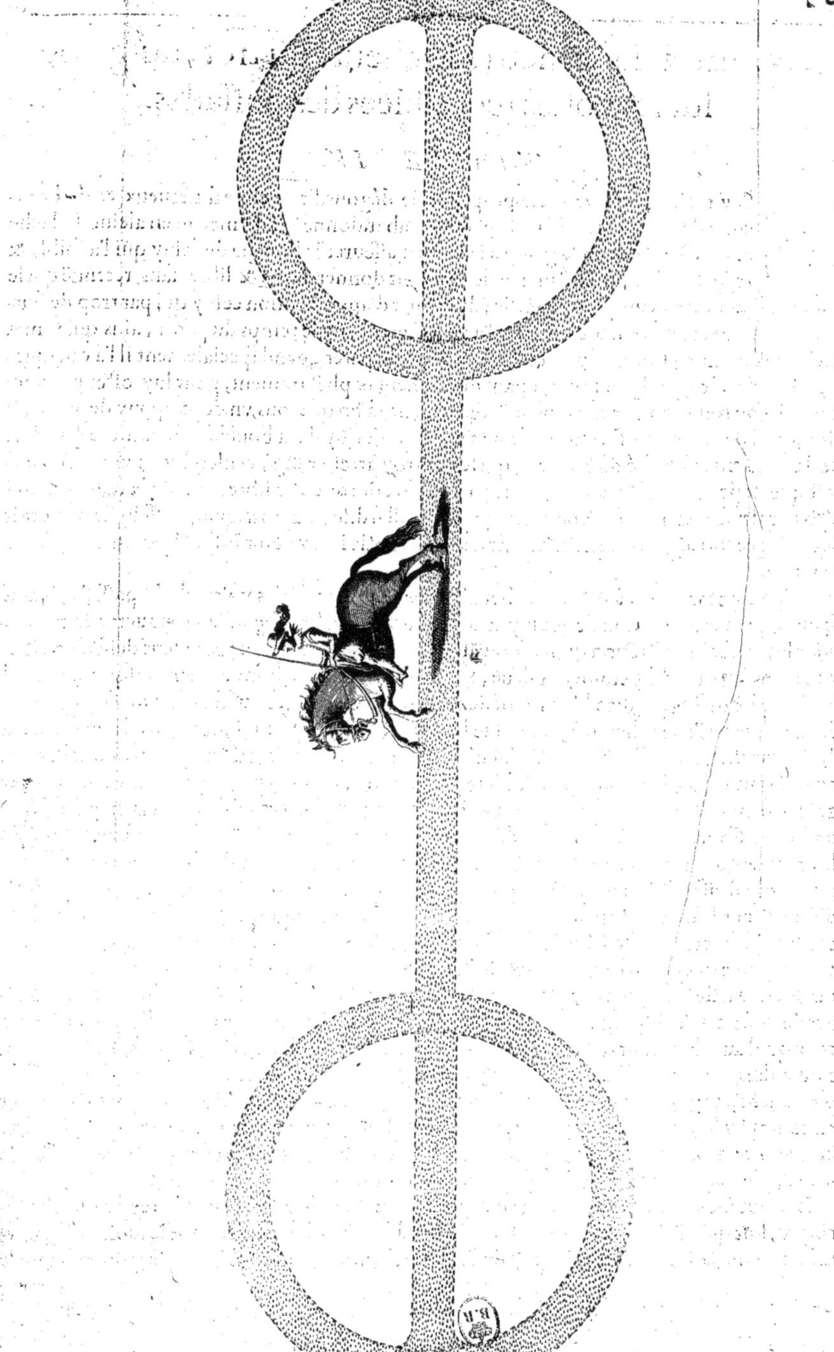

Comme il faut mettre le cheual du trot, au galop sur les voltes redoublees des passades.

TITRE IV.

Ovt ainsi que le trot a la proprieté de dégourdir le cheual nerueux & de beaucoup de force ; de releuer le pesant & abandonné, & de mettre en aleine le lâche & paresseux ; Ainsi le galop a la vertu d'asseurer la bouche de celuy qui l'a foible & trop sensible, si le Caualier le luy sçait donner large & libre sans retenuë qui le puisse offenser en aucune partie d'icelle ; de releuer d'apprehension celuy qui par trop de fougue & impatience ne veut attendre ny l'auertissement, ny le temps du partir, ains qui se met licentieusement en fuite, apprehendant l'action du parer quand specialement il l'a quelquefois éprouuée trop rude en le galoppant doucement & plaisamment, pour luy oster par cette douce leçon toute crainte de rigueur & de douleur, à fin que sous vn doux appuy de main, il ait moyen de reprendre ses esprits, & de s'y asseurer celuy de la bouche ; de rompre les effets de la mauuaise volonté du fingard, qui se pourroit arrester & s'acculer à tous momens plustost que de poursuyure sa course, & de partir sans contre-cœur librement de la main ; & bref d'abattre les forces superfluës de celuy qui par gaillardise, ou à mauuais dessein se voudroit defendre de son air, si on l'en recherchoit auant que de le luy auoir disposé par vn galop leger & retenu.

Or pour commencer à mettre le cheual du trot au galop sur les voltes de la passade, il faut sçauoir que comme le Caualerice luy en a donné les premieres leçons au pas auerty & retenu, pour luy en faciliter l'action qu'il le doit aussi trauailler sur les deux precedens desseins au trot viuement battu & diligemment releué, & le luy entretenir en bonne aleine iusques à ce qu'il luy sente les membres assez libres & déliez, & qu'il se presente quasi de luy mesme au galop deuant que de l'en rechercher, à fin que le prenant franchement il ait moins de peine de la l'y determiner, & lors il suffira au Caualier de l'aider ou de la voix, ou du sifflement de la gaule, ou de la jambe, ou du talon, pour l'obliger arriuant à quatre pas pres du rond à le commencer gaillardement, & à s'y volter plaisamment toutes & quantes fois qu'il en sera auerty de la corde du cauesson, de la gaule, de la jambe & de l'éperon si besoin est, & à fournir à tout le moins le premier quartier de la volte sans falsifier, congediant toute sorte de châtimens pour ce premier coup d'essay, se souuenant qu'apprentifs ne sont pas maistres & que celuy-là est plustost digne de pardon, que de peine, qui peche plustost par ignorance que par mauuaise volonté ; & qu'il se releuera facilement de sa faute lors qu'il l'aura reconneuë par sa douceur & prudence, parce que les châtimens qui se font hors de temps & de raison, peuuent aussi tost étonner le cheual flegmatique & craintif, & desesperer le colere, sanguin & sensible, que les corriger des fautes qu'ils commettent par faute de science & d'experience ; & apres ce quartier, ou ceux qu'il aura bien-faits, il le remettra à son premier trot dont il luy fera fournir deux ou trois voltes bien arrondies ; & bien finies quelles seront, il le remettra sur la ligne de la passade pour aller changer de main au bout d'icelle par ce mesme ordre, qu'il gardera soigneusement en toutes ses leçons, luy augmentent seulement le galop de quart en quart discrettement, iusques à ce qu'auec le temps & la practique bien reiglee, il fournisse entierement les voltes & les passades sans rompre l'air du galop, ny la proportion du manege.

Et d'autant que i'ay dit que l'vne des proprietez du galop estoit d'asseurer la bouche du cheual, soit qu'il l'ait trop delicate, ou qu'il tire à la main, le Caualier doit sçauoir qu'il pourra le ramener & le resoudre à l'appuy de l'emboucheure & de la main, en le galoppant sur le

mesme

mefme terroir panchant quelque peu du cofté de la volte, qu'il l'a deu trauailler cy-deuant au
trot, à caufe que la defcente l'obligera de receuoir l'appuy & le fupport de la main, & à fe
ramener fur les hanches de peur de s'offencer de luy mefme les barres & genciues en s'oppo-
fant à l'action de la bride.

Or comme le cheual, qui a la bouche foible, galoppant contre bas eft contrainct de s'appuyer fur l'emboucheure pour fe ramener & s'affeurer fur les hanches ; au contraire celuy qui
pefe, & qui en a l'appuy plus dur qu'à plene main, s'y abbandonne & s'y appuye tout à fait
en defcendant, & s'allegerift du deuant en montant, & partant le Caualier de bon iugement le trauaillant fur cette école tant au trot qu'au galop, doit changer de metode, pour
luy conuertir cette pefanteur en legereffe foit qu'elle luy foit naturelle, ou fortuite ; & au lieu
de luy prefenter la volte en defcendant, il le luy portera en montant, luy en faifant pareillement fournir trois ou quatre, gardant au refte la mefme proportion qu'il a toufiours tenuë
en defcendant, & le remettra droit fur la pifte de la paffade ferrant la volte en defcendant,
contre le commun vfage qui la finift en montant pour changer de main, & volter comme fur
l'autre en montant, & ferrer la volte en defcendant.

En fin ie laiffe à la difcretion du judicieux Caualerice de fe difpenfer de la prattique des
reigles generales felon l'occafion, fçachant bien qu'vn feul remede ne peut guarir plufieurs
differentes maladies ; qu'il faut aller à la feignée felon le bras, & que tous cheuaux ne font pas
propres à tous airs, & que par confequent s'en trouuant qui naturellement tournent plus librement d'vn cofté que d'autre, qu'il les faut feulement trotter fur la main de leur liberté,
mais galopper fur celle fur laquelle ils femblent eftre entiers ; ou les galoppant fur l'vne &
l'autre, que pour vne volte qu'ils font fur celle de leur creance, qu'on leur en doit faire fournir trois voire quatre fur celle qu'ils fe rendent difficiles, qu'on la leur doit faire prendre large fur l'vne & ferré fur l'autre ; qu'il faut les pouffer quelquefois à toute bride fur les paffades,
& quelquefois les y mettre fimplement au trot ou au galop, tantoft les hafter, tantoft les retenir, tantoft les parer, tantoft les faire reculer, fi bien que c'eft à luy feul de leur varier judi-
cieufement le manege felon qu'il les y connoiftra entiers & obeïffants.

Comme il faut reduire le cheual aux paf-
fades fimples.

TITRE V.

CEv x qui tiennent pour maxime, que pour commencer à mettre le cheual tant au
trot, qu'au galop, quil, qu'il ne luy faut donner que demy volte à chaque bout de
paffade, la fonde fur deux raifons ; l'vne eft qu'il faut en tout art & fcience paffer par
ce qui en eft de plus facile, auant que d'entreprendre la connoiffance de la caufe qui y pro-
duit des effets les plus difficiles, & qu'y ayant plus de facilité & moins de trauail en la demy
volte, qu'en l'entiere & redoublée, que par bonne confequence il y faut dreffer le cheual, auparauant que de luy ouurir le pas à l'entrée & à fon redoublement à la fin de chaque paffade:
l'autre regarde la neceffité, qui leur fait dire, que puifque le plus neceffaire manege que le
Caualier puiffe apprendre au cheual, eft la paffade fimple, que c'eft temps perdu de l'exercer fur les voltes entieres & redoublées, attendu que c'eft affez qu'il fçache faire & juftement
fournir la demy volte, pour changer feulement de main à chaque bout, & repartir.

I

A la premiere, ie produis la prattique pour valable réponſe, qui vous fait voir tous les iours des cheuaux de ſi bon ſens, que depuis qu'ils ont vne fois compris & remarqué ce qu'ils s'imaginent, qu'il faut qu'ils facent pour touſiours le bien faire, à fin d'éuiter le châtiment de leurs fautes, & pour pluſtoſt finir l'exercice qu'ils ſe confirment tellement cette fauce penſée en la fantaſie, que quand on les veut employer à autre choſe, qu'on n'en peut rien tirer d'auantage, ſinon vne conteſtation forcenée, & vne ſi grande opiniaſtreté, qu'on eſt contraint de les changer de lieu, & de leçon meſme, pour leur faire perdre la memoire de leurs fauces impreſſions, où il s'en va beaucoup plus de temps, qu'on en auoit employé à les y dreſſer.

Ie me ſeruiray pareillement de la neceſſité pour reſpondre à la ſeconde, & pour faire perdre l'opinion à ceux qui la tiennent comme la baſe & la vraye perfection des paſſades, qui eſt, que ſi on ne peut ny ne ſe doit dire, que le cheual ſoit bien fait & dreſſé, qui ne fourniſt ſon air que par nombre & meſure contée, & qui ſe met en fougue & en impatience dés auſſi toſt qu'on luy veut faire redoubler les voltes, pour ſe maintenir entier en ſon obſtinée volonté, & que le principal but du ſage Caualerice eſt de l'en dépoüiller du tout, pour le ranger & tenir ſujet à la ſienne ; qu'il faut donc par neceſſité luy oſter cette routine de demy volte, pour luy apprendre à la faire entiere, & redoubler de telle ſorte, qu'il ne puiſſe reconnoiſtre combien ny comment il les doit faire à chaque main ; Car puis qu'il eſt neceſſaire pour l'auoir parfaiĉt, qu'il ſoit indifferemment auſſi libre ſur les voltes redoublées, que ſur les ſimples, & ſur les ſimples, que ſur les demies, & au parer, à ſe ramener & retenir droit & ferme ſur les hanches, que prompt & leger à partir de la main, & que n'en ſçachant faire qu'vne partie, ou les pouuant toutes, qu'il ne les vueille toutesfois pas fournir, pour s'eſtre trop enuieilly en cette inueterée prattique, il faut donc que ſon ignorance, ou ſa deſobeïſſance ne procedant que des mauuais commençemens qu'on luy a donné en luy apprenant ce ſeul & ſimple manege, que pour l'en corriger, & pour mieux dire, à fin de mieux faire à l'auenir, & luy oſter l'occaſion de tomber en telles fautes, qu'on ne commence pas ſeulement à le mettre par le droit, en luy faiſant faire la volte, & la redoubler à chaque bout des paſſades ſimples terre à terre, mais auſſi à la fin de la leçon la luy faire fournir & doubler pour luy former vne habitude d'obeïſſance perpetuelle en ſa memoire, & de le maintenir en bonne aleine, attendu que ce redoublement de voltes qui ſe fait au bout des paſſades de guerre ne tend à autre fin qu'à le rendre plus libre & leger à commencer & ſerrer cette ſeule demie volte.

Or comme la plus grande difficulté qu'ait le cheual à fournir iuſtement & de meſme cadance, les voltes entieres, eſt non ſeulement de les commencer & pourſuyure droit de tout le corps, mais auſſi de les finir & ſerrer auec telle proportion, qu'il accompagne de la crouppe, touſiours le mouuement des épaules; auſſi en ce retranchement des demy-volte eſtre où il ſe trouue le plus en defaut, parce qu'elles doiuent eſtre plus ſerrées & plus diligemment fournies que les voltes doubles, encore qu'il y ſoit aſſez bien determiné au trot & au galop, ce qui eſt cauſe qu'on le voit ordinairement repartir és premieres leçons, ayant les mains ſur la piſte de la paſſade, & les jambes hors la circonference de la demy-volte ; qui fait que partant ainſi de coſté il s'abbandonne par force ſur les épaules, iuſques à ce qu'il ſe ſoit remis droit du derriere comme du deuant ſur la droitte ligne de la paſſade ; de ſorte que pour l'aider & corriger tout enſemble en cét acceſſoire, le Caualier ſe doit ſeruir du terroir precedent où il puiſſe commencer la volte en deſcendant, ou en montant, auec le meſme reſpeĉt qu'il a eu, ou deu auoir aux forces, au courage & au naturel de ſon cheual ; & ſi c'eſt à main droitte, il doit vn peu tournant le poignet de la bride en haut, & en ſorte qu'il luy puiſſe ſouſtenir la teſte droitte & ferme auec la corde du caueſſon hors la volte, l'accoſter de la jambe le plus pres qu'il pourra, à fin que par ſon action du bras, & de la main de la bride,

il le

il le tienne si sujet du deuant, que pour quelque fougue qui le saisist qu'il ne luy peust échapper, & par celle de la iambe accompagnant celle de la main, il luy oste tout moyen de s'acculer, & luy preste toute ayde pour s'accoustumer à faire & serrer iustement la demy volte, en portant presque aussi tost dessus la droitte ligne de la passade les pieds de derriere, que ceux de deuant, pour se trouuer tousiours prest, droit & bien disposé à repartir vigoureusement; & venant à prendre la gauche en rehaussant la main de la bride, & le soutenant auec la corde droitte du cauesson ferme & droit de teste & de col, il l'auertira du talon droit plus ou moins pres des flancs & des sangles, que plus il iettera la crouppe hors de la piste de la demy volte, portant au reste la iambe contraire à la volte, la mieux étenduë & plus ferme sur l'étrieu qu'il pourra, sans oublier l'ayde ou le châtiment de la gaule ou du nerf qu'il luy doit donner iudicieusement & par discretion, tantost sur la cuisse hors la volte, & tantost là où doit battre l'éperon du mesme costé.

Comme il faut faire les passades au long de la muraille.

TITRE VI.

PAR CE que chaque cheual a naturellement son vice plus ou moins grand qu'il y a d'inclination, & qui s'accroist de iour en iour selon qu'il y est entretenu par quelque foible respect que ses premiers maistres ont de sa ieunesse & de ses forces, qui les empesche de l'en châtier à point & à plomb ; les bons Caualerices sçachant bien qu'il faut preuenir le mal pour ne l'éprouuer point, & que les playes inueterees sont incurables; ou si fascheuses à guarir qu'il est impossible de les consolider sans y laisser des cicatrices pour marque de leur domicile; & qu'il n'est rien tel que de dresser l'ante pour auoir l'arbre droit, se sont preualus de la muraille pour les cheuaux tant ieunes & foibles ont il peu estre, qu'ils ont reconneux à l'école ne se vouloir point renir iustement par le droit, ny commencer ny finir les voltes entieres ou demyes à chaque bout de la passade, sans s'abbandonner sur le deuant en pesant ou tirant à la main, & sans ietter la crouppe en dehors.

OR ce n'est pas d'auiourd'huy que la practique de la muraille, nous a fait voir qu'on y peut non seulement alegerir par son moyen les cheuaux qui forcent l'appuy de la main par leur pesanteur de teste, mais aussi resoudre à vne vraye iustesse & perfection ceux qui sont n turellement coleres, bizares, impatiens & ramingues : Mais comme ce n'est pas assez au Capitaine d'auoir de toutes sortes d'armes, s'il n'y sçait bien adresser & faire ses soldats ; aussi ne suffit-il pas au Caualier d'auoir force murailles, s'il ignore comment il y doit reduire ses cheuaux ; ce qui me donne sujet de dire, pour complaire à ceux qui n'en sçauent l'art ny l'vsage, que la ligne de la passade doit tellement estre ordonnee, qu'elle soit à tout le moins éloignée de deux pas de la muraille pour le commencement, sauf à l'en approcher ou éloigner encore d'auantage selon que le cheual en fera son profit, & ce pour deux raisons : la premiere, pour continuer droittement la ligne de la passade depuis le partir de la main, iusques au premier temps & mouuement qui se fait pour resoudre & fermer la volte : la seconde, pour donner moyen au cheual de porter l'œil & la teste du costé qu'il la doit faire & finir pour l'empescher de se faire entier à quelque main.

Et d'autant que les lieux premeditez du parer & du volter donnent souuent occasion au cheual de bonne memoire mais colere, sensible, apprehensif & impatient, fingard & tirant à la main de s'y retenir, s'estressir, s'acculer, & d'y faire autres desordres, si on le veut pousser outre, il faut que le Caualier alonge ou accourcisse la longueur de la passade, selon le courage & l'obeïssance qu'il luy reconnoistra, à fin que tant en la luy donnant tantost longue, tantost courte, & tantost d'vne mediocre longueur, selon qu'il s'auancera, se retiendra, & s'abbandonnera, qu'en le voltant large ou estroit à chaque bout d'icelle, qu'il l'ait tousiours libre & obeïssant à la main & au talon.

Commençant donc à luy donner cette premiere leçon, il luy fera reconnoistre la ligne de la passade au trot vigoureux & resolu, au bout de laquelle il le parera s'il est pesant & abandonné, ou s'il tire à la main, pour le disposer à prendre la demye volte sur telle main qu'il conuiendra ; & selon qu'il se sera retenu ou abandonné à l'arrest, il le chassera discrettement peu ou beaucoup par le droit, pour luy donner puis apres doucement la demye volte au pas, en le tournant du costé de la muraille, & luy faire serrer la demye volte en l'aydant tant de la main que de la iambe, du talon & de la gaule selon qu'il en aura besoin, sans y employer aucun chatiment tant doux qu'il peust estre & le reporter le plus droit & vny sur la piste de la passade qu'il pourra pour reprendre son trot, & pour aler changer de main sans alterer ce mesme ordre.

Que si le Caualier a affaire à vn cheual qui se tienne entier sur ces demy voltes, ou qui soit naturellement trop colere ou trop sensible, il tiendra la ligne de la passade plus éloignée de la muraille que de deux pas, s'il connoist qu'il y aille à contre-cœur, de peur que cette subiection de tourner si contrainte ne le face entrer en quelque fougue & capricieuse inquietude qui le conuiast en fin ou de s'enfuyr, ou de s'en defendre par toutes sortes de malices qu'il pourroit inuenter ; & au lieu de le parer arriuant au bout d'icelle, il luy fera prendre la demye volte au mesme trot qu'il le luy aura apporté depuis le partir de la main, si tant est qu'il n'y pese ny n'y tire ; car cela estant pour quelque colere qu'il peust auoir, il le faudroit arrester, reculer, ou auancer auant que de le luy presenter selon qu'il s'obstineroit, peseroit & tireroit à la main.

Et parce que les cheuaux qui ont l'appuy de la bouche plus dur qu'à plene main, & qui y tirent ou pour l'auoir trop sensible, ou pour s'en preualoir se l'endurcissent en trauaillant, & s'en defendent auec le temps, pour ne pouuoir pas promptement conceuoir, ny par consequent obeïr à ce qui est du dessain du Caualier, pour leur esguiser l'esprit, & leur fortifier la memoire, il les doit mettre au commencement de quelque leçon qu'il leur voudra donner, soit par le droict, soit sur les voltes, sur vn dessein marqué & premedité, à fin de les disposer

& resou

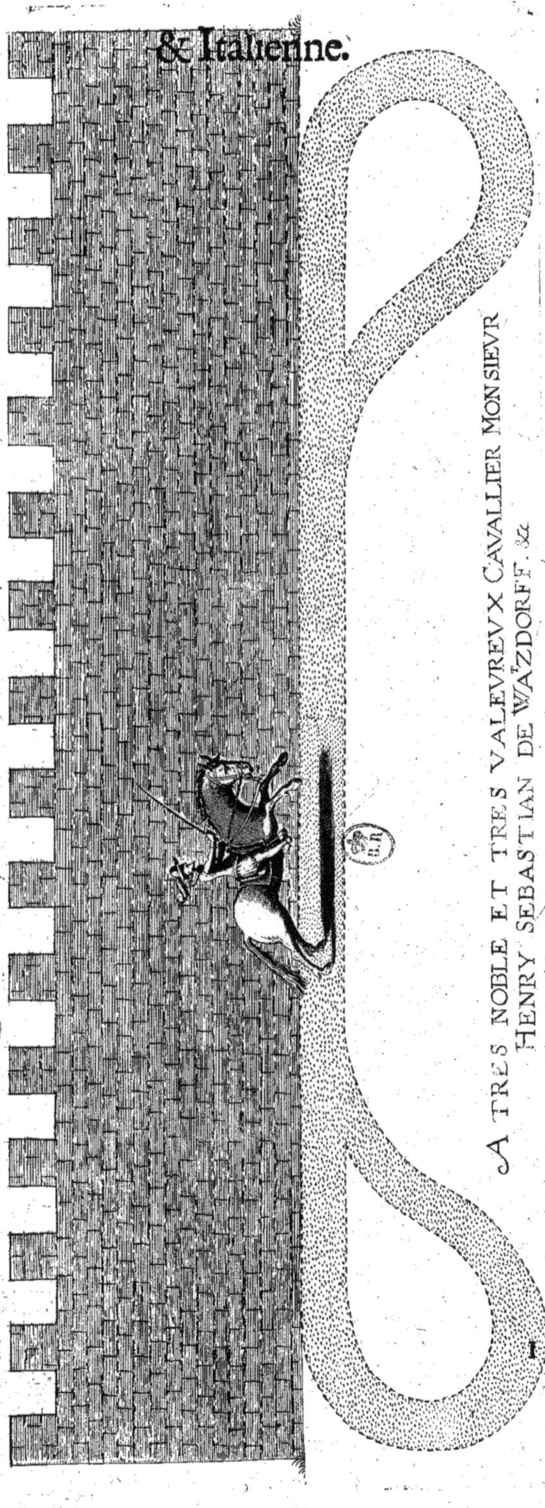

A TRES NOBLE ET TRES VALEVREVX CAVALLIER MONSIEVR
HENRY SEBASTIAN DE WAZDORFF. &c.

I. 3

& refoudre plus facilement à fournir à quelque bon manege par la practique de cét artifice.

Apres l'auoir reduit à faire la passade iuste & droitte, & à serrer la demy volte sans s'y élargir du derriere, & sans rien craindre la subiection de la muraille, le sage Caualerice sondera ce qui sera de sa force, & de sa volonté au petit galop en le conuiant plaisamment à prendre & finir la demy volte sans rompre l'air ny la mesure de son galop : Mais s'il auient qu'il s'y rende difficile, il le parera selon qu'il aura reconneu auparauant la qualité de sa bouche & selon son refus, à sçauoir à demy s'il l'a fort sensible & delicate ; & puis apres le portera discrettement par le droit trois ou quatre pas au trot, auquel il luy fera faire tout doucement la demy volte, & apres l'auoir bien serrée, il luy fera reprendre la piste & le galop, pour aller changer de main tout de mesme façon ; & s'il pese ou tire trop à la main, il l'arrestera tout à fait, & puis luy fera seulement faire vn ou deux pas par le droit, plus outre que le lieu, où il l'aura paré pour prendre le temps de le tourner ou au pas auerty, ou au petit trot ; & apres auoir serré la demy volte, il le remettra sur la droitte ligne de la passade pour reprendre le galop, & le trauailler continuellement de cette façon sur chaque main, iusques à ce qu'il fournisse la passade & la demy volte de mesme galop.

Pour remedier au desordre que quelques cheuaux impatiens font apres auoir commencé à bien prendre le temps de la demy volte se laissans emporter à vne si grande inquietude, qu'ils en perdent la memoire & la volonté de la bien serrer auant que de repartir, & s'y precipitent si confusement si on n'y prend garde, qu'ils se trouuent plustost sur la piste de la passade, qu'on ne les ait retenus & aiustez sur celle de la demye volte, il leur faudra faire fournir la volte entiere au trot, apres qu'ils auront fait la demye au galop, tant sur vne main que sur l'autre, & la leur faire mesmement doubler s'ils ne vouloyent se déporter de leur impatient desir de partir : car puis qu'il n'y a rien qui diuertisse tant le cheual adust & impatient de ses fougues & escapades, que la patience du sage Caualier qui employe le temps & la raison pour le vaincre & le reduire à perfection, & que cette patience demande de l'exercice & non vn arrest contraint & retenu, il me semble qu'il n'y a point de meilleur expedient pour la luy faire connoistre, que de changer son galop & sa demy volte au trot & aux voltes entieres & fournies sur le mesme lieu que l'inquietude luy aura saisy l'esprit, à fin que venant par ce changement de train à en rechercher la cause, il perde par cette douceur l'apprehension qu'il auoit du galop pour se remettre au trot, auec lequel il le faudra reporter sur la droitte ligne de la passade sans aucune precipitation, sur laquelle il doit estre arresté & retenu paisiblement, tant & si longuement qu'on luy sentira de l'impatience & vn desir de partir à sa fantasie, deuant que de luy faire reprendre le galop pour aller changer de main, & mettre fin à la leçon, sans luy augmenter la vigueur de son manege, que selon qu'il s'y fera obeïssant.

Et comme il n'y a pas moins de peine à entretenir vn cheual sur quelque bon manege, qu'à le luy dresser, & qu'il auient souuent qu'il s'en degouste par la trop longue continuation d'vne mesme leçon, iusques à se transporter à quelque mauuais effet, quand il est colere & sensible, & à se desesperer & se precipiter s'il est timide ; il faut que le Caualier luy change discrettement la leçon, le lieu & le terroir, & l'exerce d'ordinaire sur celle à laquelle il aura naturellement plus d'inclination, & le l'y maintienne patiemment, auec toutes les iustesses necessaires à la perfection du cheual aussi bien que des passades viues & determinees, lesquelles il finira selon la facilité & le naturel de son cheual ; comme s'il est naturellement colere, sanguin & impatient, & s'il pese ou tire à la main, il les finira quelquefois au petit ou mediocre galop, & quelquefois au trot, selon qu'il y sera disposé ; & s'il est ramingue de son temperament, il les luy faudra faire finir en luy accroissant plustost la fougue qu'en diminuant la longueur ny la course, d'autant qu'il ny a rien plus fauorable à son desir que la parade qui luy est donnée apres le partir, ny rien qui le corrige & auance plus que la course continuë qu'on luy fait faire par le droit : si bien que la ligne de la passade n'ayant communement que trente pas

de son

de longueur, feroit fort contraire pour le determiner, attendu, que venant au bout pour y changer de main, qu'il pourroit auoir le temps & le moyen de s'acculer fur la demie volte, & s'y tenir fi entier, qu'il feroit difficile de le remettre fur la paffade pour le faire repartir, & partant la luy faudra-il donner longue, & la luy faire fournir vigoureufement de toutes fes forces.

Comme il faut ferteger en biffe, ou faire les paffades à la foldate.

TITRE VII.

L n'y a fi petit compagnon qui ne vueille paroiftre bon gend'arme dés qu'il fç voit le cul fur la felle, qui faict que dés auffi toft que telles gens font deffus leurs cheuaux, que c'eft à eux à trouuer leurs iambes, pour paffader à la foldate, difent-ils, ne fe fouciant-pass'ils vont d'école ou non, ce leur eft affez de les faire aller felon qu'ils l'entendent, & qu'ils fe perfuadent qu'il faut faire pour fe monftrer vaillant & courageux: Mais attendu qu'ils ne confiderent-pas que leurs confufions, tours, & détours à droitte & à gauche, font contraires à l'art militere, qui fait tout par bel ordre & bonne mefure; il faut qu'ils fçachent comme cefte paffade, qu'ils appellent à la foldate, fe doit faire pour eftre parfaicte.

Piemie

PRemierement, il faut que le cheual qu'ils veulent mettre sur ce manege de guerre, soit desia si bien fait à la main, qu'il en entende le temps, & le prene pour bien partir, auec les aydes des iambes & des talons, en si bonne part, qu'il leur obeïsse toutes & quantesfois qu'ils le voudront tourner à droitte ou à gauche; & supposé qu'il soit tel, ils luy en feront comprendre la proportion au pas, luy faisant tirer les lignes qui se voyent en cette figure en forme de serpent, droittes, & longues de quinze pas, au bout de chacune desquelles, ils luy feront faire cette demie volte, qui les fait entresuyure iusques à la sixiesme, apres laquelle ils le rapporteront iusques au lieu où ils l'auront fait commencer par vne septiesme, au bout de laquelle, au lieu de tourner à main droitte pour fournir le huictiesme, ils luy feront prendre la gauche pour le remettre sur la piste de la sixiesme, & puis ils le volteront à droict, pour r'entrer sur celle de la cinquiesme, & ainsi changeant de main à chaque bout des autres; en fin ils se retrouueront sur leur premier pas, là où apres l'auoir volté, ils le repousseront dix ou douze pas par le droit où ils le pareront & le caresseront.

Luy ayant fait reconnoistre leurs pretensions en cette façon, ils luy feront fournir le reste de la passade, qui sera cinq, ou trois pas au trot. pour luy faire prendre la piste de la premiere, au bout de laquelle ils tourneront à gauche, & suyuront cette leçon de trot comme ils auront fait celle du pas, & luy en continueront la prattique iusques à ce qu'ils reconnoissent qu'il en entend bien la perfection; puis ils commenceront à le luy mettre au petit galop, luy renforçant la fougue du partir, & de toute la ligne de la passade, à mesure qu'il se rendra preste à chaque tour d'icelles.

Et le luy ayant si bien fait, qu'il tourne, reprene, & parte à toutes mains & à toute bride, ils luy pourront accourcir la ligne de la passade de trois ou quatre pas au petit galop, sans se departir de la iustesse de l'ordre precedent; & comme de iour en iour ils s'y rendra prompt & preste, ils luy en diminueront la longueur peu à peu, iusques à ce qu'il n'ait que deux pas par le droit pour changer de main, lesquels en fin ils luy conuertiront en vn temps, & vn petit pas.

Or pour le faire par apres serpeger selon ce dessein, ils luy feront fournir la premiere passade de quinze pas, & luy diminueront la longueur de toutes les autres d'vn pas à chaque bout, alentissant aussi la furie de son galop, selon qu'il arriuera à la fin d'icelles, lesquelles il doit finir au trot s'il est pesant de sa nature, & au pas, s'il est leger & colere; & pour le reporter à son commencement, dés qu'il aura pris son temps pour se tourner, & faire cette derniere demy volte, ils le pousseront par le droit iusques au poinct de la longueur de la premiere, & luy feront changer de main selon l'ordre du trot & du galop, n'oublians iamais de l'ayder de la main, de la gaule, & de la iambe en cette sorte.

Estans sur le lieu où ils le voudront faire partir au galop, ils luy rendront la main, & arriuans à deux pas pres du lieu où ils luy voudront faire changer de main, ils commenceront à l'appuyer tout doucement, à fin qu'il en prene mieux l'ayde & le temps de se volter, le tenant cependant tousiours sous vn bon appuy, iusques à ce qu'il ait les quatre pieds sur la ligne de la passade, où lors ils luy rendront derechef la main, en luy en continuant ces aydes iusques à la fin. Pour le regard des iambes, ils se fortifieront droits sur les étrieux, & tout aussi tost qu'ils luy presenteront l'appuy de la main pour prendre le temps d'en changer, si c'est à droitte, ils l'accosteront de la iambe gauche, s'appuyans sur la droitte; & si c'est à gauche, ils l'ayderont de la droitte, & se soutiendront sur l'étrieu de la gauche; & dés qu'ils l'auront remis droit sur la ligne de la passade, ils l'esporteront en cette façon iusques au parer, où ils les tiendront bien egalement auancées. Quant à la gaule, allans par le droit, ils la tiendront haute, & la coucheront sur le col du cheual, au mesme instant qu'ils luy presenteront l'ayde de la main pour se recueillir & en changer, ne l'en ostant point qu'il ne soit iuste & droit sur la piste de la passade; & voltant à gauche, ils l'étendront basse du costé droit, la luy retenant iusques à ce

qu'il

K

qu'il ait repris la droitte ligne , & puis ils la releuront,continuans à la porter ainfi iufques à
l'arreft de laquelle ils luy en donneront fur l'épaule gauche pour l'obliger à fe bien ramener,
& fe retenir fur les hanches, & faire vne belle fin de leçon.

Combien le cheual peut fournir de paffades , & cm.o
me on les doit commencer & finir.

TITRE VIII.

C'EST bien vne maxime, qu'en tous maneges circulaires on doit commencer &
finir l'exercice fur la main droitte, felon laquelle il feroit bien à point que le cheual fift toufiours trois, cinq, ou fept paffades deuant que de le parer ; mais attendu
qu'outre l'art & le iugement qu'on doit auoir pour le luy porter, qu'il faut encore
auoir égard à fa taille,à fa force,à fon aleine, à fa patience, à fon habitude, & à fa bouche, cela
fait qu'on ne la peut pas toufiours,& fur tous airs tenir pour reigle generale, ny la faire prattiquer qu'aux cheuaux qu'on croira eftre naturellement pourueus d'affez de vertu pour y fatisfaire.

Mais prefuppofé que le cheual ait en foy dequoy y fournir, & moyen d'y monftrer fa vigueur, fon courage, & fa volonté, il fera fort bon de le mettre feulement au galop fur la premiere paffade; le luy renforcer fur la feconde,commencer à luy donner furie fur la troifiefme,
la luy doubler fur la quatriefme,& luy faire fournir la cinquiefme de toute fa force.

Et fi le Caualier veut faire paroiftre fon cheual faict, il le doit tellement faire partir de la
main fur la premiere, qu'on y voye vne grande preftéffe;en la feconde vne vraye furie, & luy
faire employer tout ce qu'il aura de force & de vigueur en la troifiefme, tant pour fe fignaler
bon Caualier par la diftinction de fes diuers temps,bien pris,pourfuyuis & finis,que pour faire voir la vifteffe, la force, & l'obeïffance de fon cheual.

Or comme le cheual prend plus de fougue pour fournir la derniere paffade que la feconde,& plus encore pour faire la feconde que la premiere: Auffi le Caualier en doit-il accompagner l'air de fi bonne grace, qu'il l'ait toufiours libre à la main & aux iambes, à fin que fous
fon doux appuy il ne penfe qu'à employer fes forces & fon courage pour finir la leçon en luy
complaifant, fans apprehender la rigueur du parer, qu'il fe pourroit promettre d'vne main
rude & intemperee;& qu'il faut auffi qu'il luy face prendre la volte fi bien proportionnée à la
furie de fon galop, qu'il ne foit proforcé de s'y abandonner fur les épaules, ny de fi trop ramener fur les hanches,à faute de le luy foutenir par vn appuy temperé de bride & de cauefsó.

Et pour reprefenter naiuement le deuoir du Caualier en cét endroit, ie dis, que s'il fent,ar-
riuant à trois ou quatre pas pres du bout de la paffade, que fon cheual ait tant de fougue,qu'il
ne fe puiffe tourner que difficilement fans s'abandonner fur la volte, qu'il le doit retenir auát
que de la luy prefenter, & le reduire en vne fi bonne difpofition,qu'il la puiffe fournir & ferrer de mefme ton & mefure qu'il l'aura commencée: & au contraire, s'il reconnoift en quelque part de la paffade qu'il fe retiene & n'aille-pas franchement & rondement au bout changer de main , c'eft à luy de le foliciter viuement de l'éperon, ou de la gaule, pour luy faire
vnir fes forces, & fe refoudre à commencer legerement la volte, & à la fournir & ferrer iuftement pour reprendre diligemment la ligne de la paffade.

Quant au parer, la perfection en depend du iugement du Caualier, qui s'y doit comporter felon la fougue du cheual, les forces qu'il aura,& felon la fermeffe de fa refte & de fon col,
& la difpofition de fa bouche ; & le luy ayder fi bien de fa perfonne, qu'il n'ait point de fujet

de la

de la craindre, & encore moins de le fuïr ny de s'y rebuter; & se doit faire celuy du galop en tenant les rénes également droittes en la main, & en tirant discrettement la bride & le cauesson, s'il en a vn, sans luy ébranler ny desordonner l'appuy de la bouche, & tenant les coudes fermes pres du corps, specialement celuy de la bride, lors qu'il n'a point de cauesson, & le droit libre, & non toutesfois trop éloigné, en reculant vn peu les épaules en arriere pour soulager celles du cheual, & se fortifier le bras & le poing de la bride, & pour se maintenir en belle posture par cette action contrepesée, faisant ce temps de bras & de poignet, & se panchant quelque peu sur le derriere au mesme instant qu'il donne des mains en terre, à fin qu'il se trouue iustement appuyé sur les hanches dés qu'il releura le deuant, & non lors qu'il l'a en l'air, ou qu'il auance les épaules pour reprendre terre, de peur qu'il ne s'y abandonnast, & ne luy endurcist l'appuy de la bouche par telle surprise, qui luy pourroit mesmement fournir de sujet de faire quelques desagreables mouuemens de la teste, en roidissant & serrant les cuisses & genoux, en étendant fermement les iambes pres du cheual, & s'aneruant sur les étrieux également pour le retenir droit & ferme sur la passade par l'apprehension qu'il aura de receuoir quelques éperonnades s'il n'obeyt iustement à l'arrest.

Et pour aduire le cheual à conioindre la volte auec la parade, il faut que le Caualier tempere l'action de sa main & de son corps, selon qu'il reconnoistra qu'il en prendra & prattiquera le temps & la mesure, qu'il obeyra au reculer & au partir, & qu'il sera patient à l'arrest: Car encore qu'il se presente bien au parer vne ou deux fois, si est ce qu'il doit éprouuer son obeïssance en reculant & en auançant; & sa patience en attendant sans mouuemens en vne place l'auertissement qu'il luy donnera de sa volonté par plusieurs fois & en diuers lieux, auāt que de le resoudre à faire l'vn & l'autre sans intermission & de mesme vigueur; d'autāt qu'vne fois n'estant pas coustume, il pourroit arriuer que quelque inquietude saisissant le cheual fougeux comme entre bond & volée sur le parer, qu'au lieu de prendre le temps de fournir legerement à l'vn & à l'autre, qu'il feroit le tout en desordre & confusion, qui le contraindroit de chatier son impatience, apres auoir mal serré la volte en le retenant dés aussi-tost qu'il auroit repris la passade, le faisant reculer iusques où il auroit finy la volte, & le luy tenant iuste & droit, rongeant son frain auec son impatience, sans le laisser partir qu'il n'eust auparauant repris son bon sens pour éuiter vne mesme escapade à l'autre changement de main.

Que si le cheual ramingüe vient à se retenir de soy-mesme sur le lieu qu'il aura remarqué, que le Caualier le pare ordinairement, tant s'en faut qu'il doiue prendre cette action pour témoignage d'vne vraye obeïssance, & qui merite d'estre aydée à commencer la volte pour mettre bien tost fin à sa leçon, qu'au côtraire il le doit à bons coups d'éperon & de gaule faire passer outre, iusques à ce qu'il le cónoisse deliberé & disposé à se tourner de quelque costé qu'il luy plaira, & à s'arrester & repartir libremét, sans plus auoi rd'autre volonté que d'obeïr.

Et s'il a affaire à cheuaux tellement attentifs à l'action du parer, qui bien qu'ils soient assez vigoureux, & de bon nerf, n'osent toutesfois se porter ny se resoudre à la volte, ou pour auoir naturellement trop de legeresse aux épaules, ou à la teste, ou la bouche trop sensible & delicate, il ne doit qu'auec grand respect l'esparer qu'à demy, & sans retirer les épaules en arriere plus qu'il ne conuient pour embellir son assiette, & puis le reporter quelque peu par le droit, pour luy mieux donner & faire prendre l'ayde de la main pour bien commencer, poursuyure & finir la volte.

Pour le regard de la fin de ce manege, elle se doit faire par vn arrest qui ramene & retiene le cheual sur les hanches selon la capacité de sa bouche & de ses forces, droit & ferme de teste & de col, sans iouër de la queuë, sans forcer le bras ny l'appuy de la bride, sans aucun mouuement dereiglé, & sans autre apparence, que d'vne perpetuelle obeïssance.

Or d'autant que le cheual ne se dresse aux passades que pour l'vsage de la guerre, ou du combat d'homme à homme, dés que le Caualier luy en aura fait reconnoistre la longueur auec la largeur des demies voltes, és lieux premeditez & marquez, & qu'il les y fournira librement pareilles d'espace, de vistesse, de temps & de mouuemens; il commencera à l'en rechercher en lieux non accoustumez & incogneus, & mesmement parmy d'autres cheuaux, zant à fin de le retenir plus attentif à faire ce qu'il luy demandera, & plus sujet à sa volonté, que pour auoir plus beau moyen de le determiner & resoudre à la iustesse qu'il luy desire apprendre en ces lieux non limitez, mais qui luy permettent de le prendre sur tel temps & à la fin de telle course qu'il luy plaira, & d'vser de tels chatimens qu'il meritera par ses fautes, soit qu'il le trauaille au trot ou au galop, ayant auec tout cela neantmoins autant d'égard à son inclination qu'à ses forces; attendu que s'il est ramingue, qu'il luy pourra donner la passade tant longue & courte qu'il voudra; & s'il est trop ardent & desireux de partir, rien ne l'empechera de le retenir, ny de le faire reculer pour luy abatre sa fougue, & attendre qu'il soit en état de le faire partir; & s'il se serre & se couche trop à vne main, ou s'élargist, ou iette la crouppe trop en dehors à l'autre, il a la clef des champs pour l'élargir, le redresser & le serrer tant qu'il sera necessaire, tant en luy faisant redoubler les voltes sur chaque main, & l'auançant ou reculant selon qu'il le sentira dans sa main, qu'en preuenant son desordre, & luy rompant sa fantasie par le mouuement du poignet de la bride, & par l'action de ses iambes, ou par l'éffet de la gaule, comme il luy viendra plus à propos, sans se departir de la iustesse ny de l'exercice, qu'il ne l'ait reduit à vne parfaicte obeïssance, & ne luy ait fait prendre cét appuy à plene main que les Caualiers desirent aux cheuaux du combat de l'épée.

Pour faire perdre les ombrages que le cheual prend de tout ce qu'il voit à la campagne.

TITRE IX.

IL faut sçauoir que le refus que le cheual fait d'approcher, ou de passer dessus ou dessous ce qui luy est suspect, procede en partie du defaut de veuë, & en partie du sens commun, qui ne peut promptement découurir ny receuoir les especes des objets telles qu'elles se representent à ses yeux, si bien qu'en cette confusion ne se pouuant resoudre ny s'imaginer ce que s'en est, il les vient tellement à redoutter pour l'apprehension qu'il a d'en receuoir du deplaisir, qu'il s'éforce de les fuyr de tout son pouuoir, & non de mauuaise volonté qu'il porte à son Caualier, qui le doit d'autant plus épargner qu'il connoistra que son apprehension sera grande.

Or pour reconnoistre quand cette peur luy arriue à faute de veuë, & quand elle procede de la foiblesse de son esprit, le Caualier doit diligemment prendre garde à tous les mouuemens qu'il fera dés aussi-tost qu'il apperceura quelque sujet qui le mettra en allarme; car c'est de ses deportemens qu'il découurira la cause de son apprehension, de sorte que luy voyant dresser les oreilles, & tirer à la main de tant loing qu'il puisse voir ce qu'il redouttera, sans pour tout cela s'arrester, il pourra tenir pour tout asseuré, que c'est vn defaut de veuë, qui le fait marcher auant, desirant découurir au vray ce qu'il ne peut bien reconoistre ny discerner: Et s'il remarque que tout aussi-tost qu'il apperçoit quelque chose qui luy donne du soupçon, qu'il s'arreste tout court, soit loin ou pres de ce qu'il craint, ronflant & se disposant à faire quelque estrauagance, & mesme se iettant à cartier, ou reculant contre son naturel, c'est vn témoignage tres-certain d'vne debilité de cerueau, & qu'il a l'imaginatiue si foible, qu'il ne se peut resoudre qu'auec grande difficulté à se departir de son apprehension; ce qui se peut fort facilement prouuer, attendu qu'encore qu'il soit en la compagnie de quelque autre sans

peur,

peur, & qui paſſe librement deſſus & deſſous ce qu'il redoute,& qu'il s'y retient aſſeurement,
neantmoins il ne le ſuit qu'en incertitude, & ne s'y peut arreſter qu'en inquietude, au lieu
que celuy qui n'apprehende qu'à faute de veuë, ſe reſout de luy meſme, & s'en approche, &
s'y retient pour s'y aſſeurer, & le fortifier l'imagination.

Le Caualier donc ayant reconneu par ces moyens d'où vient que ſon cheual apprehende
quelque choſe pour auoir la veuë courte, & luy voulant oſter toute occaſion de redoutter ce
qui le rend & le retient entre la peur & la hardieſſe, il luy doit doucement rendre la main dés
auſſi-toſt qu'il ſent qu'il y tire, d'autant que cette action ne part que d'vn deſir qu'il a de s'é-
clairſir du doute de la choſe qu'il ne peut pas clairemét remarquer, & n'auáce ainſi le nez que
pour mieux le découurir, ne plus ne moins qu'vn bon arquebuſier qu'on voit alonger la teſte
pour mieux viſer, & la luy laiſſer iuſques à ce que de luy-meſme il luy face quelque ſigne par
lequel il puiſſe remarquer qu'il ſoit hors d'incertitude, ſoit ou en releuant la teſte,ou en la ramenant à ſon deu naturel, ou en reportant les oreilles à ſa façon accouſtumée ; & s'empêche-
ra tant qu'il le voira en cette action de le frapper aucunement, de peur qu'il ne ſe perſuadaſt
que tels coups prouinſſent du ſujet qu'il apprehende, & qu'il ne vinſt à le redouter tout à fait
côme la cauſe de ſon torment : Et quoy que ce qu'il craint ſoit à coſtiere de ſon chemin,ſi ne
doit-il pas le faire paſſer outre ſans le luy mener reconnoiſtre,eſtant encore ieune, & luy donner le loiſir de le conſiderer y eſtant arriué ; & s'il eſt d'âge, ce ſera aſſez de le retenir vn peu
dans le droit chemin,& droit à droit de ce qu'il ſoupçonnera, auant que de ſuyure ſon entre-
priſe,ſi ce n'eſtoit que ſes affaires le luy contraigniſſent ; & continuant à le mener ſouuent à
la campagne,& en lieux où il puiſſe auoir diuers objets, tels que peuuent eſtre les lieux ſom-
bres & ombrageux, ie le puis aſſeurer par experience qu'il luy ſera bien toſt perdre cette apprehenſion,& qu'il ira librement par tout où il le voudra mener.

Pour le regard de celuy qui redoute la diuerſité des objets qu'il rencontre à cauſe de la foibleſſe deſon eſprit,le Caualier le doit traitter auſſi patiemment que prudémment, d'autant que
ſon defaut eſt bien plus grand procedant de l'imaginatiue,que celuy qu'il ſe forme du defaut
de veuë, & vaudroit mieux quelquefois que tels cheuaux fuſſét aueugles qu'ainſi timides:car
pour le moins ils ſe laiſſeroyent conduire, ou bien on s'en pourroit ſeruir à la charge ou à la
charette, au lieu qu'ils ne veulent, pour la grande peur qui leur frappe & ſaiſit le cœur, paſſer
ny approcher ſeulement au pres de ce qu'ils s'imaginent fauſſement eſtre fatal à leurs vies ; ſi
bien que pour en tirer raiſon, il doit premierement ſe reſoudre à ne luy toucher en aucune
partie de ſon corps où il y peuſt receuoir quelque douleur, d'autant que ce ſeroit tout à fait
le reduire à perdition, ſoit qu'il ſe retienne & qu'il recule meſmement au lieu de paſſer outre,
ou qu'il ſe iette à cartier de peur de l'auoir droit deuant ſes yeux, pour le regard deſquelles
actions differentes il ſe comportera pareillement diuerſement;Car s'il s'arreſte ſeulement ſans
faire autre mouuemens que de la teſte, ſçauoir eſt en la hauſſant & la ramenant en belle poſture,dreſſant & pointant les oreilles,& regardant fixement ce qui luy donne de l'étonnement, c'eſt ſigne qu'il tient ſa veuë & ſon imagination bandée à découurir ce qu'il doit attendre de tel objet; qui me fait dire que le Caualier le voyant en cét acceſſoire, qu'il le doit
releuer de ſoupçon le plus plaiſamment qu'il pourra,en le careſſant de la main ſur le col, & le
flattant de la voix tout ainſi qu'il a accouſtumé en le trauaillant au manege apres auoir bien
fourny ſa leçon, & tachera de l'auancer petit à petit iuſques au lieu ſuſpect, en le chaſſant
tout doucement du gras de la iambe, ou en l'auertiſſant ſimplement de la gaule pres des
flancs, & effectuant bien à propos ces preceptes,il voira que ſon cheual prendra peu à peu la
hardieſſe d'y arriuer, là où il ne luy ſera point chiche de careſſes; & apres le luy auoir retenu
iuſques à ce qu'il ait repris ſes premiers eſprits il pourſuyura ſon chemin.

Mais s'il arriuoit qu'il fiſt le difficile, & qu'il ne vouluſt pas paſſer outre, lors apres luy en
auoir preſenté les moyens ſuſdits, s'il eſt en campagne il fera marcher celuy qui ſera auec luy

droit au lieu fufpect, & le fuyura le plus pres qu'il pourra allant cofte à cofte s'il peut, à fin d'en fortifier d'auantage l'efprit de fon cheual: Et s'il eft feul, il faut qu'il mette pied à terre,& qu'il le luy mene par la bride, & qu'il le luy remonte apres le luy auoir laiffé fi longuement confiderer,qu'il le voye, le fente, le touche du nez,& le fouffre fans s'en émouuoir ; & eftant deffus,il pouffera outre quelque cinquante ou foixante pas; & prenant par apres la trauerfe, il le rapportera au mefme endroit où il aura conceu fon apprehenfion, & puis s'en ira droit à l'objet precedent ; & auenant qu'il ne face aucun refus d'y arriuer, il ne le luy arreftera plus, mais paffera outre, & le pourmenera en tous les endrois qu'il penfera trouuer quelque fujet qui luy puiffe donner de l'ombrage, obferuant toufiours la patience & les moyens fufdits, & ainfi il luy oftera tout fujet de crainte en peu de temps,& luy affeurera l'efprit.

Que fi dés auffi-toft qu'il apperçoit quelque chofe qui luy trouble la fantafie, il s'en recule & la regarde hagardement & s'en étonnant fort, encore qu'il luy rende la main & le folicite doucement d'aller auant, foit de la gaule en la luy faifant fentir au trauers du ventre, foit en l'animant de la voix & en l'affeurant du gras des iambes, ou de quelques petis coups d'épe-ron, c'eft chofe affeurée qu'il auoit l'efprit occupé ailleurs qu'à fuyure fon chemin, & que cette fi inefperée & foudaine rencontre luy aura furpris & faify tellement la fantafie,qu'à fau-te d'auoir eu le loifir d'y penfer,& de s'arrefter pour la contempler, qu'il ne peut refoudre fon imagination, qui part roublée de cette frayeur le laiffe ainfi reculer en émoy pour gaigner le temps & le moyen de découurir la caufe mouuante de fa peur ; & pour cette occafion, il ta-chera de le retenir tout court,& de l'empécher de reculer beaucoup, parce que ce reculement eftant forcé,& n'ayant point de fentiment de fon objet, il fe pourroit imaginer que ce qu'il a ainfi inopinément rencontré,luy reprefenteroit continuellement quelque chofe qui l'oblige-roit de reculer de plus en plus, & fpecialement s'il auoit la veuë baffe ou égarée ; de forte que pour le diuertir de reculer, il faudra qu'il luy prefente pluftoft la volte du cofté qui luy fera plus commode, que de contefter à le faire paffer outre, de peur qu'il n'en tiraft quelque fujet de fe faire retif,& ne faut point auffi qu'il ait égard à luy faire garder toutes les iufteffes & pro-portions de la bonne volte en cét accident ; car il fe doit reprefenter que ces tours tant à droitte qu'à gauche ne font pas pour l'entretenir fur la iufteffe de fon air,mais feulement pour le releuer de la peur qu'il a,& pour luy permettre de r'entrer en foy, à fin de reconnoiftre fon erreur, & apres quelques tours il l'arreftera vis à vis de ce qui luy aura donné tant de frayeur, & le luy laiffera confiderer à fon aife, en le careffant le plus plaifamment qu'il pourra, & puis l'obligera de tout fon pouuoir à s'y porter fans le redoutter, & de s'y arrefter fans aucune apprehenfion.

E T s'il faifoit refus d'y aller tout à fait, il tachera de le faire tourner tout au tour, commen-çant à l'enceindre fort au large, & l'eftreciffant petit à petit,allant feulement le pas, fi c'eft en lieu qui le puiffe ayfément faire tourner, finon il l'en écartera quelque peu, & le paffegra tout au long de telle forte qu'à chaque paffade il le luy puiffe faire accofter, côme il fe voit en ce deffein, l'arreftant auffi apres l'auoir tourné au bout de chacune d'icelles de telle façon qu'il là puiffe bien voir, & continuant amiablement cette leçon, il fe peut affeurer qu'il en receura tout contentement, & que fon cheual s'y affeurera tellement, que de là en auant pour quelque furprife que ce foit, qu'il ne fera aucune ou bien peu de refiftance d'aller voir & toucher tout ce que luy aura donné de la peur auparauant.

Pour le regard de ceux qui fe iettent à cartier dés auffi-toft qu'ils auifent quelque chofe qui leur donne de la frayeur, cette imperfection leur procede coniointement,& du defaut de la veuë & de la foibleffe de leur cerueau, comme le Caualier pourra remarquer en leurs yeux s'il les veut confiderer attentiuement, efquels il verra fans doute de petites nuées faites quafi comme la toile d'vne aragnée, qui font caufe qu'ils ne peuuent-pas mieux voir que ceux qui

font

A TRES NOBLE ET VALEVREVX CAVALIER
MONSIEVR IEAN DE ZETERITZ. &c.

font voilez de quelque crefpe, qui pour tant fin qu'ils puiſſent eſtre, ne voyent iamais ſi bien que quand ils ont les yeux découuerts.

Et parce que ce partroublemét de veuë procede de l'indiſpoſition du cerueau, cela eſt cauſe que le ſens commun ne pouuant receuoir les objets qu'en confuſion, qu'en fin le cheual ne ſe peut reſoudre à les ſouffrir deuant ſes yeux, s'imaginant continuellement qu'il ne ſe peut faire qu'en tel meſlange il n'y ait quelque choſe à redoutter, qui fait qu'en les voyant il commence à ronfler, & à ſe ietter à l'écart par ébalançons & élans impetueux, encore qu'il n'en ait eſté ſurpris.

Et pour leur faire perdre l'apprehenſion de tels rencontres, le Caualier ſe ſeruira de papier de diuerſes couleurs, & de peintures qui repreſentent choſes épouuantables, leſquelles il placera & laiſſera d'ordinaire dans l'écurie de tels cheuaux, & tellement ordonnées, que de quelque coſté qu'ils jettent la veuë, qu'ils en voyent les vnes ou les autres, & faire meſmement peindre de la toile, ou en faire des ſujets repreſentans diuerſes choſes, & en attacher les vns aſſez pres d'eux, & en pendre les autres aux ſoliueaux, ou à la voute de l'écurie, & de telle maniere que les vns ſe puiſſent agiter, & que les autres demeurent fermement arreſtez: Et outre tout cela, il les fera pourmener la nuiĉt en des lieux où il y aura beaucoup d'ombrages, comme par les ruës eſtant en ville, & à coſté de quelque bois, & quelquefois dedans eſtant aux champs, à fin qu'accouſtumez de voir ſans ceſſe tels fantoſmes, ils vienent à marcher par tout comme s'ils eſtoyent aueugles, ne reuoquans plus rien en doutte : Et les aſſeurera auſſi beaucoup en leur mettant en leurs écuries pluſieurs peaux de diuers animaux, dont les vnes ſoient remplies de paille, & les autres étendues ſur les piliers, & les leur faiſant voir meſmement pres des boucheries & autres lieux.

Pour aſſeurer le cheual à paſſer librement par deſſus les pons de bois, & à ne s'épouuenter non plus du bruit de ſes pieds, que de celuy de l'eau qui paſſe par deſſous.

TITRE X.

CE n'eſt pas ſans raiſon que les Eſpagnols diſent communément, que *à los oios tiene la muerte quien à cauallo paſſa la puente* : celuy a la mort deuant les yeux qui paſſe vn pont à cheual; car il s'en rencontre qui apprehendent tellement le bruit & le retentiſſement des concauitez, que quand il leur faut paſſer quelque pont de bois, qu'ils en prenent vne telle frayeur, qu'ils ſe precipitent dedans l'eau à corps perdu, & ſans que le Caualier les en puiſſe diuertir: ce que ie puis aſſeurer pour l'auoir vne fois éprouué ſur vn cheual ſi craintif, que s'il n'euſt eſté de grand cœur, & doüé de beaucoup de forces pour s'en retirer à la nage, i'eſtois pour y perir; ce qui depuis me donna ſujet de trouuer quelque moyen de le luy aſſeurer ſans aucun hazard : Et ſur la ſcience que i'auois, qu'il n'y a que le temps & l'habitude qui puiſſe exempter le cheual auſſi bien que l'homme, de l'apprehenſion que l'vn & l'autre peut auoir d'vne choſe inconneuë, voyant que ſon écurie eſtoit pauée de pierres froides, qui ne rendoient qu'vn ſon plat à ſes oreilles; ie m'auiſay de luy faire éleuer la place où on l'établoit de trois pieds de haut auec des eſſis larges d'vn pouce, à fin qu'il en peuſt partir quelque bruit correſpondant à celuy

d'vn

d'vn pont, toutes & quantesfois qu'il la battoit de ses pieds, où il ne fut pas pluftoft, qu'il
commença à s'en mettre en allarme & trepigner, se leuer & tirer fi fort, que fi ie n'euffe pourueu à le l'y retenir, comme s'il euft efté dans le trauail d'vn maréchal, qu'il n'euft eu licou ny
corde fi forte, qu'il n'euft rompuë pour s'en dégager; fi bien, que me voyant auoir defia quinze de ce jeu, ie continuay fi bien mes coups en le flattant pour le l'y affeurer, qu'en moins de
demye heure ie luy fis quitter tellement fa fougue, que depuis il n'en perdit pas vn coup
de dent.

Auec cela huict iours durant ie le menay à vn moulin, où ie le retins attaché deux heures
apres midy entre deux piliers que ie fis plâter vis à vis de la rouë, à fin qu'il s'affeuraft auffi bien
au bruit de l'eau, qu'à fon mouuement, & que repaffant par apres fur quelque pont, il ne
s'en partroublaft plus pour auoir experimenté que tout ce qui bruit n'offenfe pas, non plus
que tout ce qui branfle ne tombe pas.

Et apres ce temps-là ie le remenay au pont duquel il s'eftoit precipité, accompagné d'vn
Caualier monté fur vn cheual qui ne redoutoit rien, le faifant à l'arriuée marcher deuant
moy au pas, où m'attendoit vn homme de pied pour me fecourir au befoin, & m'ayder à le
retenir s'il euft voulu derechef fe lancer dans l'eau; & dés que ie commençay à entrer deffus
ie luy allenty quelque peu l'appuy de la main, à fin que lors qu'il euft cherché luy mefme le
temps de fe ramaffer pour faire le faut, cét homme euft moyen de le faifir au caueffon; mais là
il me témoigna que mon inuention l'auoit du tout affeuré, d'autant que ie ne reconneus autre mouuement hors de raifon en luy, finon qu'il tira vn peu quelquesfois & quelquesfois me
pefa à la main, & qu'au bout du pont il fit vn élans affez gaillardement, comme s'il m'euft
voulu faire paroiftre de gayeté de cœur l'aife qu'il auoit d'eftre paffé fans affliction, apres lequel ie careffay fort, & repris le cofté de mon Caualier à fin de nous pourmener quelque
peu d'vn cofté & d'autre pour reuenir au point du defir que i'auois de le luy faire paffer & re-
paffer au pas & au trot auffi bien feul qu'en fa compagnie, pour à quoy paruenir ie le luy fis
prendre le deuant, & me retins à quelque cent pas en arriere, de forte qu'il l'auoit defia paffé
tout à loifir auant que i'y arriuaffe, non toutesfois qu'il s'en fuft fi éloigné que mon cheual ne
vift toufiours le fien de veuë, qui ou pour l'enuie qu'il auoit de l'attraper ou pour s'eftre tout
à faict deliuré de fa vaine peur ne fift aucune difficulté de paffer librement, qui fut caufe
qu'apres quelque courte pourmenade nous y retournafmes, & le paffames cofte à cofte & au
trot fans que ie m'apperceuffe qu'il s'en dépleuft, puis à quelque cinq cens pas de là feignant
prendre congé de luy, ie le fis demeurer derriere, & m'en retournay feul & le repaffay pour le
remener à l'écurie fans qu'il en fift aucun refus, ny fur quelque autre que depuis ie luy aye
voulu prefenter.

C'eft encore vn bon moyen de gaigner tels cheuaux de les tenir fouuent au bout des ponts,
& leur en faire voir paffer & fuyure d'autre par deffus, & de les attacher mefmement au cul
d'vne charette fans qu'il y ait perfonne deffus pour obuier à tout le mal qui en pourroit arriuer, mais il faudroit que ce derriere de charette fuft tellement accommodé, que fautans, ou fe
leuans contre, ils n'y peuffent paffer les pieds de deuant, & que les licous auec lefquels ils y
feroit attachez fuffent affez forts pour les y retenir par force, de peur que venant à fe rompre,
ils ne fe bleffaffent voulans s'en affranchir foit en la coftoyant ou en fe precipitans d'effroy
dedans l'eau, ou s'en empeftrans tournans tefte pour s'en fuir, ou faifans quelque autre effort dont il en peuft reuffir quelque malheur.

Comme il faut châtier le cheual qui se couche en l'eau, pour luy en faire perdre la coustume.

TITRE XI.

NCORE qu'on tienne qu'il soit quasi impossible de corriger les vices que la nature depart à chaque creature ; si est-ce toutesfois que si on ne les peut tout à fait faire perdre au cheual, qu'on luy en peut tellement diminuer, ou tout à bon escient empécher la prattique, qu'on peut dire par ses bons effets qu'il en est libre, n'y ayant si grande imperfection en luy, que la prudence & l'industrie du Caualier ne puisse éfasser.

Or l'vne des plus grandes qui se puisse trouuer au cheual de campagne & de guerre, est de se coucher en l'eau, & d'y estre naturellement encliné, laquelle luy procede de la communication de la chaleur du Lyon celeste sous lequel il est né, qui l'enflame si viuement, que cette influence le proforce de recourir à l'eau pour s'y rafreschir. Et peut-on reconnoistre que le ciel luy a fait cette disgrace lors que sans auoir esté trauaillé ny à la chaleur, il s'y couche aussi bien l'hyuer que l'été : ie dis sans auoir trauaillé, parce qu'il ne faut pas iuger de mesme de celuy qui pour auoir accidentairement trop de chaud, y cherche son rafraichissement par force, & non d'inclination qu'il y ait.

Pour donc en corriger celuy qui y est naturellement porté, ie ne trouue point de plus seur remede que de luy rompre vne bouteille, ou flacon de verre couuert d'eclisses d'osiers ou de paille, & plein d'eau entre les deux oreilles lors qu'il fait semblant de s'y coucher, & la luy faire distiller dans l'vne & dans l'autre le plus & le mieux que pourra celuy qui sera dessus, d'autant qu'outre le bruit & l'étonnement du coup qui luy fera plus de peur que de mal, il se trouuera si incommodé du bourdonnement qu'elle fera dans sa teste, qu'il s'imaginera que tel deplaisir procedant plustost de l'eau que de la main de son homme, que l'apprehension qui luy restera d'en receuoir encore autant s'il persiste à sa mauuaise volonté, qu'il s'abstiendra de là en auant de plus y chercher ses delices, de peur d'y trouuer pour vn plaisir mille douleurs.

Il y en a qui l'en diuertissent encore se faisans suyure dedans l'eau par deux forts hommes, qui luy puissent tenir la teste quelque temps toute dedans lors qu'il s'y couche, & qui estant releué l'en font sortir à coups de baston & à cor & à cry, mais cette voye est si penible, que ie la laisse à prattiquer à qui voudra se donner beaucoup de peine pour ce regard.

D'autres luy attachent vn lacs courant aux coüillons, & en font tenir la corde à quelque homme qui du bord de l'eau la luy rende à mesure qu'il y entre, & qui la retire quand il fait apparence de s'y vouloir coucher, à fin de l'en empécher par la douleur qu'il y sent ; mais les mieux auisez en vsent tout autrement : car ils tiennent eux mesmes le bout de la corde estans dessus, & l'enserrent ou la luy lâchent selon qu'ils connoissent qu'il en fait son profit ; & d'autant plus que ce remede est dangereux, auec autant plus de prudence le doit employer celuy qui s'en voudra seruir, pour ne s'en point repentir.

I'en sçay aussi qui se seruent de deux bales de plomb tellement persées, qu'on les peut tenir en main auec vne petite ficelle, & lors qu'ils voyent que le cheual s'y couche, ils les luy laissent tomber dedans les oreilles, & les en retirent quand il s'en releue, soit qu'il ne s'y baigne qu'à demy, ou qu'il s'y soit du tout trempé, en le traittant fort rudement tant de la voix que du nerf & des éperons iusques à ce qu'il soit hors de l'eau.

Comme

Comme il faut monſtrer au cheual à ſauter les barrieres, les hayes & les foſſez.

TITRE XI.

CHACVN ſçait que l'vne des parties qui rend le cheual de campagne & de guerre de prix & d'eſtime, eſt de le voir diſpoſtement ſauter vne barriere & vne haye, & franchir gaillardement vn foſſé, attendu que ſi en pourſuyuant l'ennemy fuyant, il s'en rencontroit ou de propos deliberé, ou pour empécher que les beſtes ne fiſſent quelque degaſt au labourage, on auroit beau auoir l'auantage ſur luy ſi on n'auoit des cheuaux qui fuſſent faits pour les ſauter, il ſe ſauueroit toutesfois à cauſe de ce defaut, & pour le meſme auſſi ſi on eſtoit contraint de faire vne retraitte à la ſourdine, ou de ſe rallier apres vne deroute, on ſe trouueroit ordinairement en tel acceſſoire, qu'il vaudroit beaucoup mieux eſtre à pied, que monté ſur vn cheual, fuſt-il d'Eſpagne, qui demeuraſt tout court planté ſur le dos d'vn foſſé, ou le nez contre quelque haye ſans vouloir paſſer outre.

L 2

ET d'autant que de tous les Caualiers qui defirent poffeder tels cheuaux, il y en a peu qui leur fçachent apprendre l'vn & l'autre, fuppofé qu'il fe rencontre quelque cheual de grãd nerf & de bon courage, defia ferme & affeuré de tefte & de bon appuy, qui parte determiné-ment & rigoureufement de la main, & qui fe porte legerement à l'arreft, qui font les parties qu'il doit auoir & fçauoir bien prattiquer deuant que de le mettre à cette leçon de fauts; ie dis qu'il le faut premierement releuer fort du deuant & du derriere auparauant que de luy pre-fenter aucune barriere, ou haye, ou foffe; (en quoy le Caualier de bon iugement reconnoi-ftra par la fuite de ce difcours, combien les airs releuez font neceffaires au cheual de guerre, & fpecialement celuy des courbettes, balotades & d'vn pas & vn faut) & puis quand il luy fentira fes membres affez deliez, & vne gaye difpofition pour le faire fournir à fon deffein, il choifira quelque lieu long & eftroit enfermé de chaque cofté de murailles, ou de groffes hayes,au trauers duquel & comme au milieu d'iceluy, il fera tenir vne perche de bonne grof-feur, qui trauerfe de longueur tout le chemin, par deux hommes qui la tiendront au com-mencement de telle hauteur que le cheual ait de la peine de la paffer,ne leuant qu'vne iambe l'vne apres l'autre, & qui fe doit mefurer à la taille du cheual, & à laquelle il le portera au pas, luy prefentant à l'abord l'aide de la main & de la gaule pour luy faire reconnoiftre qu'il fe doit hauffer vne autre fois, & l'auertiffant de la iambe au mefme inftant qu'il paffera, foit qu'il leue tout le deuant, ou qu'il la paffe vn pied l'vn apres l'autre, à fin de l'auertir à fuyure du derrie-re les iambes de deuant: & ainfi paffé la premiere fois, il pourfuyura fon chemin iufques au bout limité, où il le voltera autant de fois qu'il penfera eftre neceffaire pour fon auancement; & delà il le remenera à fa perche, que les hommes tiendront fi haute, qu'il foit contraint de le-uer le deuant pour le paffer, & y arriuant il l'aidera de la main, & de la gaule, & l'animera d'vne gaillarde voix à fe hauffer; & dés qu'il l'aura leué il le foliciera des talons pour luy faire leuer, & fuyure du derriere; & arriuant qu'il la faute brauement,il ne manquera point de luy faire entendre par fes careffes qu'il eft fort content de fon obeiffance.

Que fi d'auanture il ne hauffoit pas tellement le derriere, ny n'en accompagnoit non plus le deuant qu'il n'en touchaft la perche des pieds; lors ceux qui la tiendront la laifferont tom-ber de peur qu'il ne s'y offenfaft, & fi fon defaut procede de la pareffe, ou de la negligence des aydes qu'il luy a données, pour l'obliger de le retrouffer, en luy donnant de la gaule fur les épaules, il luy chauffera vertement les éperons pres des fangles,& non en arriere, attendu qu'il n'eft queftion que de le faire hauffer & trouffer, & non de le chaffer en auant: mais s'il eft na-turellement fougeux,fenfible, apprehenfif & impatient, il donnera treue à toutes fortes de chatimens pour les premieres leçons, & attendra patiemment qu'il reconnoiffe luy mefme fa faute,& s'en corrige auec le temps & la prattique.

Pour la troifiéme fois l'ayant volté à l'autre bout autant de fois qu'il aura voulu, il le l'y re-portera au trot,luy prefentant les aydes comme deuant, & le chatiant auffi felon le merite de la faute & de fa complexion; & s'il la faute alaigrement, il ne luy fera non plus chiche de ca-reffes qu'auparauant; puis pour la quatriefme fois il fera tenir la perche quelque peu plus haute que les precedentes qu'il luy fera fauter au trot, & à chaque changement de main iuf-ques à ce qu'il y foit bien dreffé, il la fera éleuer de faut en faut iufques à la hauteur de quatre pieds; & lors qu'il y fera bien ftilé,il la luy fera fauter au petit galop fuyuant la mefme metho-de du trot, commençant à la luy faire connoiftre affez baffe pour la premiere courfe,& la luy hauffant felon qu'il comprendra & fera nettement le faut auec belle difpofition & bon courage.

Pour

A TRES ILLVSTRES ET GENEREVX SEIGNEVRS MES SEIGNEVRS IEAN FREDERIC; ET IEAN SIGISMOND BARONS DE HERBERSTEIN. &c.

POur l'aduire à ſauter les hayes, ie me ſers de l'vne de ces deux choſes, & ſelon les lieux où ie me trouue; ſi c'eſt à la campagne, ie me pourmene au pas cherchant quelque petite haye pour la premiere fois, à laquelle ie preſente mon cheual, l'aydant & le conuiant à ſe leuer & à la ſauter tant de la main & de la voix, que de la gaule & de l'eperon, & ſelon qu'il y repond ie le flatte fort, & paſſe outre pour en trouuer quelque autre vn peu plus haute où ie luy preſente les meſmes aydes pour l'obliger de ſauter, à fin d'eſtre careſſé; & apres auoir quelque peu pourſuyuy ma pourmenade, ie luy fais tourner viſage, & le remene reconnoiſtre & ſauter l'vne & l'autre, prenant ſoigneuſement garde à la liberté de ſon courage, & à la diſpoſition de ſes forces, & ſelon que ie le trouue en humeur, ou ie le remene à l'écurie, ou ie luy donne encore vne fois la peine de les ſauter toutes deux, puis ie le flatte, & le vais deſmonter par vn autre chemin.

Mais s'il auient qu'il refuſe de ſauter ou de colere ou de lâcheté; ſi c'eſt de colere, ie me comporte en ſon endroit ſelon qu'elle eſt grande & fougueuſe, tenant pour maxime, que la colere eſtant ennemye de la conception & de l'intelligence, que ce ſeroit hors de temps & de raiſon de le vouloir forcer de faire choſe qu'il n'eſt pas en état d'entendre, & par conſequent, qu'il ne peut effectuer auec connoiſſance de cauſe; qui me conuie de tâcher de la luy abattre, ou du moins amoindrir en le pourmenant d'vn coſté & d'autre pour luy faire perdre toute ſorte d'apprehenſion, auant que de la luy repreſenter; ſi bien que le voyant appaiſé i'y retourne le plus paiſiblement & plaiſamment que ie puis, où arriuant, ie fuis tout ce que ie puis excogiter pour la luy faire ſauter, & auenant qu'il obeïſſe à mes aydes, ie l'arreſte tout court pour le mieux careſſer auât que de le conduire à celle qui eſt vn peu plus haute & plus épaiſſe, où ie n'obmets rien de tout ce que ie ſçay pour en tirer encore vn ſecond ſaut, apres lequel ie m'en retourne au petit pas en le flattant fort ſi ie connois qu'il ſoit naturellement fougueux, de peur de luy donner ſujet de ſe depiter par vn ſecond retour.

Et quand auſſi ie m'apperçoy qu'il ne refuſe de ſauter que pour la trop grande lâcheté de ſon courage, ie le reueille, & le releue de pareſſe à bons coups de gaule au trauers des flancs, (ſçachant bien que le lyon ſe bat de ſa queuë pour ſe mettre en furie) d'éperons pareils, & d'vne voix qui reueilleroit-bien les ſept dormans, en luy preſentant touſiours l'ayde de la main requiſe pour le leuer, ne m'en départant point que ie ne la luy aye fait ſauter & reſſauter trois ou quatre fois auant que de luy faire careſſe; puis apres l'auoir arreſté pour luy faire prendre air, & auiſer à ce qu'il a fait, & à ce qu'il faudra qu'il face, ie le conduis à l'autre plus haute, & ſelon qu'il m'obeït, & que ie luy ſens de force, ie m'en vais par vne autre voye, ou ie l'emmene par celle de ces deux hayes, que ie luy fais ſauter ſeulement ces deux tours, de peur de l'ennuyer & de le trop laſſer, aymant mieux le laiſſer en ſa bonne volonté, & au milieu de ſes forces, que d'en tirer d'auantage à ſon detriment, differant le ſurplus au lendemain que ie les remets tous deux en campagne, où ie les entreprens de trot, & en tire autant de ſauts que i'en puis auoir par raiſon; continuant cét ordre iuſques à ce qu'ils les ſautent de la hauteur que leurs forces le permettent; recommençant par la plus baſſe à les y faire au galop, leur en preſentant de iour en iour de plus en plus hautes ſelon qu'ils s'y adreſſent iuſques à la vraye proportion de leur courage & diſpoſition.

Si ie me trouue en ville ſi grande qu'il falluſt employer beaucoup de temps pour en ſortir, & pour paruenir à quelques lieux propres à mon deſſein, i'en ſuppoſe d'autres entre deux murailles, où ie me comporte auec eux tout de meſme qu'à la campagne, la leur renforçant de de plus en plus ſelon qu'ils s'y auancent, allant touſiours des plus petites aux plus grandes, & auec le plus de facilité que faire ſe peut.

Et

A TRES ILLVSTRE ET GENEREVX SEIGNEVR, MONSEIGNEVR HENRY V. REVS BARON DE PLAVEN &c.

ET pour luy faire franchir les foffez, attendu qu'il s'en trouue qui retienent tellement leurs forces liées & coniointes, qu'ils ne les peuuent étendre qu'à force de coups, & toufiours à contrecœur pour fe bien élancer; & qu'il y en a auffi d'autres qui ont plus d'inclination à fauter les barrieres & les hayes, que les tranchées tant étroites puiffent elles eftre; ie les y gouuerne felon qu'ils me femblent y eftre difpofez, ou difficiles à y reduire; fi bien que reconnoiffant que leur difficulté procede ou d'apprehenfion qu'ils ont de tomber dedans, ou de lacheté de cœur; fi c'eft d'apprehenfion, apres auoir fait faire trois ou quatre petis foffez au trauers de quelque long chemin, ou entre deux murailles, ie leur fais fuyure vn autre cheual qui les fçait franchir fans conteftation, à fin qu'à fon exemple ils prenent courage & refolution de les fauter & de les fuyure, leur aydant de la main à fe recueillir & ramaffer le plus pres du foffé que ie peus, & puis à l'inftant que ie les y fens & voy preparez, ie la leur rends, les animant de la voix & des talons à faire le faut, auançant auffi vn peu le corps en auant, & reportant promptement les iambes fur le deuant, à fin de le decharger du derriere & de luy donner plus de facilité à fe bien élancer, & d'en accompagner difpoftement le deuant; & à la defcente du faut ie l'ayde de la main à fe retenir felon qu'il a la bouche dure ou fenfible, de forte que s'il l'a forte, ie luy prefente l'appuy à plene main, & s'il l'a delicate ie luy en donne peu, parce que c'eft vne chofe tres-affeurée que s'il y receuoit quelque douleur en ces commencemens, qu'il apprehendoit tellement vn femblable mal, qu'il ne fauteroit par apres qu'en foupçon & en peur, qui en fin à la feconde affliction luy donneroit fujet de s'y rebuter tout à fait, ou de s'élancer fi negligemment qu'il pourroit tomber dedans au peril de fa vie, & de celle du Caualier.

S'il eft auffi fi lache & poltron tout enfemble qu'il ne fe vueille hazarder de fauter, pour fuyure ce cheual qui marche & faute deuant luy, ie luy fais fentir vne cauale, fçachant bien qu'il n'y a cœur fi flafque fuft-il de poulpe qui ne méprife tous dangers pour fe ioindre à ce qu'il ayme; puis i'y fais monter vn homme qui la fçache faire fauter fi elle le peut & fçait faire, finon qui arriuant au foffé la détourne fi accortement par l'vn des bouts d'iceluy, & la remette droit au milieu du chemin fi diligemment que le cheual ne le puiffe imaginer qu'elle ait paffé par ailleurs qu'en la fautant, à fin qu'en luy prefentant les aydes fufdits y arriuant il fe hazarde de fauter ce qui m'a toufiours & plufieurs fois reuffy, puis l'ayát franchy ie la luy laiffe plaifamment fuyure iufques à ce qu'il ait fauté les trois foffez, d'où tandis que ie le conduis au bout du chemin, ie fais qu'il détourne fa jument d'vn cofté ou d'autre de la muraille, ou des hayes iufques à ce qu'il ait eu le moyen de le remettre dedans pendant que ie pouffe le mien plus outre pour luy changer de main, & la luy remonftrer pour l'obliger encore vne fois de fauter ces trois foffez, apres lefquels i'entens qu'il s'en aille tout à bon efcient la demonter, pour éprouuer ce qu'il voudra faire l'ayant perduë de veuë, le pourmenant en quelque autre lieu pour le reporter au mefme chemin ou allée, y entrant par le bout par lequel il la luy a remife pour s'en aller, à fin que fentant qu'elle s'eft retirée par là, qu'il fe metre en deuoir de la chercher, & par confequent de fauter, ce que faifant ie le remmene paifiblement auec force careffes, finon ie m'éforce d'en tirer plus d'obeiffance qu'il m'eft poffible.

Pour la feconde leçon, à fin de luy faire comprendre qu'il peut auffi bien fauter ces foffez fans iument qu'en la fuyuant, ie fais fuppofer vn cheual de mefme poil que celle qu'il auoit fentie & fuyuie le iour precedent au mefme chemin, ou allée, à l'entrée duquel ie l'arrefte tout court, & le flatte du bout de la gaule fur le col pour luy donner le loifir d'apperceuoir ce cheual marchant deuant luy, & dés auffi-toft que ie connois qu'il fe met en deuoir de le fuyure, s'imaginant peut eftre que ce foit fa mefme iument, ie le laiffe partir au trot, & luy permets quelque peu le petit galop, pour luy témoigner qu'il ne tient point à moy qu'il ne le ioigne, & l'aydant comme auparauant à fauter deux ou trois tours ces trois foffez, ie luy laiffe par apres alener ce cheual, à fin que découurant l'éffet de cette tromperie, il quitte

fes appre

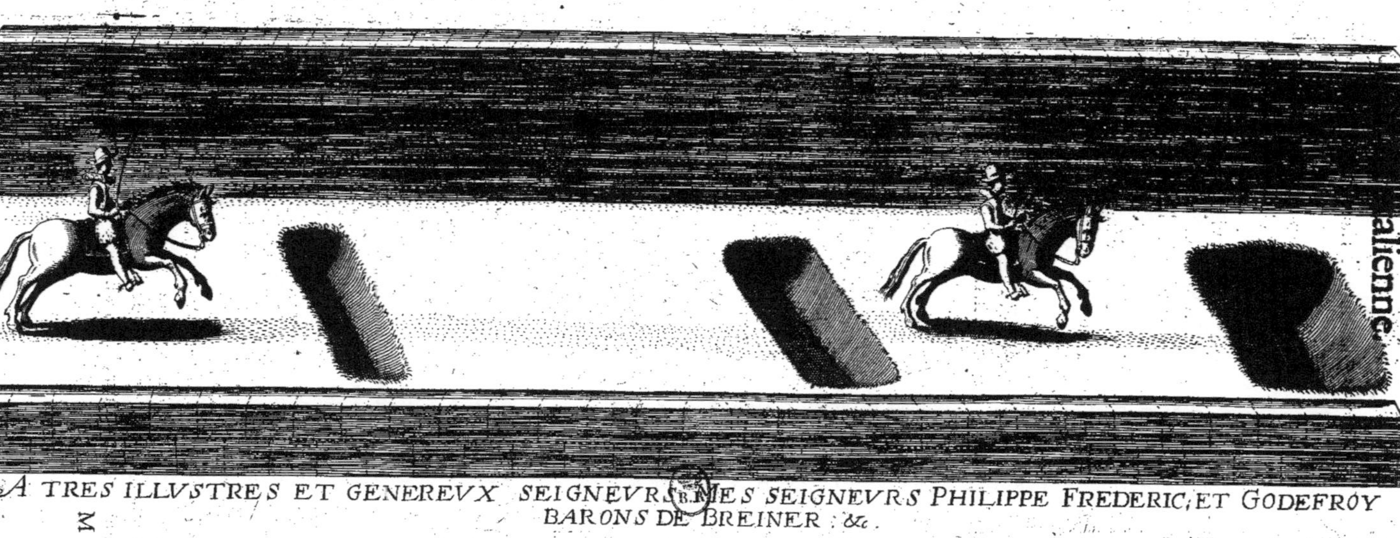

A TRES ILLVSTRES ET GENEREVX SEIGNEVRS, MES SEIGNEVRS PHILIPPE FREDERIC, ET GODEFROY
BARONS DE BREINER : &c.

M

ſes apprehenſions, & prenne reſolution de les ſauter de là en auant librement & ſans chandelle.

Et s'il s'y rend encore dur & difficile, ie recommence à luy faire derechef ſentir cette cauale, & à la luy faire ſuyure comme auparauant, ſinon qu'arriuant à douze ou quinze pas pres
des foſſez, ie luy laiſſe prendre tel galop qu'il veut, à fin de luy dénouër ſes forces par ce
moyen, & de luy faire ſentir ſon courage & ſa vigueur, & apres auoir ſauté ie l'entretiens au
grand trot le reſte du chemin, & le trauaille en cette façon iuſques à ce qu'il ſoit temps de
mettre fin à l'exercice, faiſant touſiours euader l'homme & la jument en quelque lieu retiré
de celuy où ie le veux demonter.

Mais de peur que la tromperie de ce cheual ſuppoſé au lieu de cette jument ne l'empeſche
de fournir gayement à ſa leçon, ie me ſers de cette ruſe, qui eſt que ie la luy laiſſe encore alener auant que de le monter, & puis l'enuoyant deuant, & la faiſant ſuyure d'vn courual, ie
m'en vais bellement apres; & arriuant au lieu de l'exercice, ie le retiens le plus droit que ie
peus, à fin qu'en les voyant & s'imaginant que c'eſt vn riual qui le deuance il commence à
ſe diſpoſer de le primer, & l'entretiens au deſir que ie connois qu'il en a au petit galop, luy
laiſſant prendre tel temps & tel auantage qu'il veut pour bien ſauter, ne l'aidant ſeulement
qu'à s'appuyer, & au bout du chemin ie fais que l'homme qui eſt deſſus la cauale ſe retire du
ieu; & que celuy qui eſt ſur le hongre demeure & reprene la meſme voye par quelque grand
tour, & qu'il le pouſſe aſſez viuement, ne le ſuyuant cependant qu'au pas ou tout au plus au
petit trot, à fin de luy conſeruer ſa force & ſon aleine pour bien reſſauter ces foſſez, le laiſſant
approcher aſſez pres de ce courual au bout de ce retour, où ſelon qu'il a de vigueur, où ie
l'emmene, ou luy fais encore ſauter vne autre fois ces trois foſſez, faiſant que le hongre le
deuance au premier, & que le mien prenne le deuant pour ſauter le ſecond, à fin d'y éprouuer ſon obeïſſance ou ſon refus, & au cas qu'il n'y contrediſe point, ie le pouſſe touſiours le
premier iuſques au troiſiéme pour en tirer encore vn ſaut, apres lequel ie ne luy ſuis aucunement chiche de careſſes.

Et s'il refuſe de ſauter ce ſecond, ie fais que celuy qui eſt ſur le courual reprend le deuant
& le luy fait ſauter, & dés qu'il l'a franchy, ſi le mien ſe retient, ie le luy force à coups de gaule & d'éperon, & pendant que i'en ſuis là & au priſes, qu'il ne va que ſon petit pas, & qu'il
s'arreſte quelquefois, à fin qu'il n'arriue pas du tout au troiſiéme que le mien n'ait ſauté ce ſecond, & pour auoir auſſi le moyen d'éprouuer encore ſa volonté à ce troiſiéme, que ie luy
fais franchir le premier s'il m'eſt poſſible, ſinon i'ay touſiours recours à ce hongre que ie fais
derechef ſauter le premier, & apres l'auoir ſuiuy ie reprens mes erres, & m'éforce d'en tirer vn
ſaut auant que de le quitter en repos.

Le iour enſuiuant ie retourne au meſme lieu & auec ce meſme courual, faiſant que ſon Caualier le tienne deſia entre le ſecond & le troiſiéme foſſé lors que i'y arriue, où ſans l'arreſter
ie l'achemine au grand trot ſans le tenir beaucoup ſujet à la main, à fin qu'il ait occaſion de
ſe mettre au galop s'il a deſir de l'attrapper, & de remarquer auſſi de luy-meſme le foſſé, & de
prendre bien ſon temps pour le franchir gaillardement, n'obmettant rien à faire pour le luy
obliger; & arriuant qu'il les ſaute ſans rebellion & ſans peine, l'ayant ioint au courual qui l'attendra au bout du chemin, luy faiſant force careſſes nous tournons bride enſemble, & coſte
à coſte nous reprenons noſtre piſte, marchans ainſi iuſques à huit ou dix pas pres du prochain
foſſé, là où ie prens le deuant pour faire ſauter le mien le premier, ou en cas de refus toſt apres
l'autre: mais s'il ſaute ſans contredit, ie l'arreſte tout doucement & le flatte, à fin de l'encourager à pourſuyure ſon obeïſſance, & luy continuant ſon train, ie luy fais reconnoiſtre que
l'autre le ſuit de ſi pres, qu'il le peut quelquefois voir du coin de l'œil, & luy ſentant au bout
de ce retour encore aſſez de force & de rigueur, ie le reporte derechef aux foſſez, & fais demeurer le courual tout court, iuſques à ce qu'il ait ſauté le premier, & que l'homme qui eſt

deſſus

deſſus voye que i'aye ſauté le ſecond qui commence alors à me ſuyure au petit pas, & de telle
ſorte qu'il n'ait paſſé que le premier, lors que i'ay fait franchir le troiſieme au mien,& que ie
le retiens & le careſſe ſur la piſte la teſte tournée vers luy, à fin qu'il luy voye ſauter les deux
derniers pour me venir accoſter, & qu'il prenne cœur & courage de retourner à l'autre bout
touſiours le premier pour faire fin à ſa leçon, où paruenu que ie ſuis, ie le tourne & le remets
encore droit ſur la piſte tout ainſi que ſi ie le voulois encore reporter aux foſſez, & apres le
luy auoir bien flatté & luy auoir laiſſe reconnoiſtre qu'il y eſt arriué ſans ſon compagnon que
le Caualier aura remmené dés l'autre bout, ie le demonte & le pourmene deux ou trois fois
iuſques au bord du premier foſſé pour le luy faire remarquer, & puis ie le renuoye plaiſamment à l'écurie.

Le lendemain ie le reporte tout ſeul au meſme lieu, où ie luy commence ſa leçon au petit
trot l'aidant à l'accouſtumée, à s'vnir & à bien prendre le temps du ſaut, arriuant à chacun de
ces foſſez,& apres les auoir franchis,ie le pouſſe quelques vingt pas par delà où luy changeant
de main par deux ou trois voltes & remettant droit ſur la piſte, ie le pare, luy rends la main &
le careſſe ; puis le faiſant partir ie luy renforce ſon trot d'autant plus, que plus pres il arriue du
premier foſſé, où i'employe la main,la voix, la gaule & les talons pour le faire diſpoſtement
ſauter, luy continuant cette meſme furie de trot iuſques à ce qu'il ait franchy les deux autres
& que ie l'aye remis ſur la meſme piſte pour les reſſauter la troiſieme fois, & apres auoir pris
ſon aleine, & receu le guerdon de ſon obeïſſance, ie le pouſſe au petit galop,pour mettre fin
à l'exercice par ces trois derniers ſauts,apres leſquels ie le flatte fort, le remene à l'écurie & le
fais bien traitter.

Et s'il arriue qu'il face refus de ſauter au commencement de ſa leçon, & qu'il s'y tiene obſtiné, ie fais prendre la corde du caueſſon à vn homme qui paſſe de l'autre coſté du foſſé, &
qui la tiene ferme tandis que ie l'anime de la voix, de la gaule & des éperons à ſauter, & que
ie luy en preſente le temps de la main de la bride, & ſi pour tout cela il ne ſe veut point élancer, ie fais qu'vn homme luy face ſentir fort & ferme la chambriere par les feſſes,en luy vſant
de brauades iuſques à ce qu'il ait obey, & tout auſſi-toſt nous le flattons tous trois à qui
mieux mieux ; puis ie le chaſſe iuſques au ſecond où ie tache tout ſeul de le faire ſauter, ſinon
ie fais encore reprendre la meſme corde par cét homme qui eniambe le foſſé le premier, &
luy preſte le ſecours tel qu'auparauant, ſinon que celuy de derriere ne luy touche ny ne luy
parle s'il n'y eſt contraint par ſon obſtination : Et dés qu'il a ſauté, ie le fais touſiours mener
par le cordeau au troiſieme que cét homme ſaute ſans s'arreſter pendant que ie luy offre les
meſmes aydes pour le gaigner,& luy faire entendre par ce moyen, que ie ne luy demande autre choſe que ce ſaut.

Ce que faiſant ie reprens la corde,& fais touſiours marcher quelque peu deuant luy l'homme qui la tenoit tant à l'aller qu'au retour, qui double ſon pas ſelon que le cheual m'obeït de
foſſé à foſſé, ou ſe retient en arriere, à fin que ie luy puiſſe faire reconnoiſtre par cét ordre
qu'il ne doit rien craindre ny redouter, & ne le laiſſe point ce iour là qu'il ne m'ait au moins
fourny trois ſauts de bonne volonté ; & puis de iour en iour ie luy renforce ſon trot ou ſon
galop ſelon qu'il s'y retient, ou s'y fait libre ; & fais élargir les foſſez petit à petit iuſques à la
largeur conuenable à ſes forces, & lors que ie voy qu'il les ſaute nettement & ſans peine, ie
ne le fais plus ſauter de là en apres qu'vne fois en quinze iours, à fin de luy conſeruer ſes forces,ſa vigueur & ſon courage pour m'en preualoir au beſoin.

Or ſi c'eſt vn cheual naturellement colere & impatient, au lieu de luy donner les premieres leçons de ces ſauts en lieux étroits & ſerrez de hayes ou de murailles, ie le mene à la campagne & où ie ſçay qu'il y en a, & lors que i'arriue pres de quelqu'vn, ie commence à l'auertir
de la main de la bride,du deſir que i'ay de luy demander quelque choſe, ſans toutesfois luy
rompre ſonpas, ſontrot, ou ſon galop ſelon qu'il va, & eſtant temps de luy donner l'ayde

neceffaire pour fe difpofer à fauter ce premier foffé, ie le luy prefente le plus conforme à fon naturel que ie puis, à fin de luy ofter tout fujet de le refufer, & auenant qu'il le franchiffe fans apprehenfion ny conteftation, ie le careffe fort en pourfuyuant mon chemin ; & au lieu de le retourner faire fauter ce mefme foffé, i'en cherche vn autre, où d'abord ie luy donne vn mefme auertiffement de ma volonté que le precedent, pour le faire reffouuenir de fon obeïffance, m'empéchant perpetuellement de luy faire aucun déplaifir, mais bien l'aydant le plus doucement que ie puis à perfifter en fon bien faire ; & pour luy témoigner le contentement que ie reçoy de fa franchife, ie l'arrefte tout court dés qu'il a fauté, pour le mieux flatter auant que de paffer outre, auffi bien que pour luy donner à connoiftre qu'il ne reçoit telles faueurs qu'à caufe de ce fecond faut, continuant mes careffes auec mon chemin iufques à quelque autre où ie l'oblige de plus belle à me faire paroiftre fa difpofition, apres laquelle ie ne luy épargne rien de tout ce que i'eftime qui luy pourra donner du plaifir, tant fur ce champ mefme, qu'en le menant dedans cette allée enfermée de murailles, ou ce chemin ferré de fortes hayes, où d'vn pas auerty ie le porte au premier de mes foffez apoftez, le conuiant à le franchir auffi gayement qu'il aura fait ceux de la campagne, ce que ne me refufant ie le careffe encore plus qu'auparauant dés qu'il a repris terre, le conduifant plaifamment au fecond & au troifiéme auec la plus ■■ de faculté & douceur dont ie me puis auifer, & au lieu de le remettre fur fes voyes, ie le demonte au bout de cette allée, ou de ce chemin, fort edifié de tous ces fauts, de peur de le l'y ennuyer & de luy reueiller fa colere.

Et s'il auient qu'il ne fe veuille point refoudre à la campagne à les fauter, pour quelque ayde que ie luy offre, tant s'en faut que ie le luy contraigne pour cette premiere fois, qu'au contraire ie me contente de le luy faire coftoyer patiemment attendant qu'il ait perdu fa fougue ; & s'il fe prefente quelque endroit pour le faire defcendre dedans & le paffer ainfi fans fauter, ie le luy permets, mais dés qu'il commence à le remonter ie ne manque pas à luy donner deux bonnes éperonnades pour luy monftrer que ce n'eft pas ce que ie luy demande, & puis fans autre ceremonie i'en cherhe vn autre, auquel ie le prefente auec toutes fortes d'aydes pour le faire fauter, & felon qu'il s'y oppofe & qu'il eft en colere, ie commence à luy faire entendre que fon refus me deplaift, le brauant de parolles & de quelques bons coups de gaule qui luy fanglent tout le ventre, luy prefentant toufiours cependant l'ayde de la main pour l'attirer à prendre le temps du faut : Mais fi pour tout cela il n'y veut point obeïr, ie le luy fais encore coftoyer en le rudoüyant de voix & d'éperon felon le merite de fon obftination, & trouuant à le luy faire paffer comme le precedent, il ne reçoit de moy ny en defcendant dedans, ny en le remontant que force bonnes flancades & coups de gaule tout au trauers du ventre ; & felon que fa malice s'accroift, ou fe diminuë, ie luy renforce les châtimens, ou l'en déliure, le faifant toufiours marcher outre, iufques à ce que i'en aye trouué quelque autre, où apres auoir employé tout ce que peut l'art & l'induftrie pour le luy faire fauter, s'il auient qu'il le franchiffe encore que ce foit moytié de gré à gré, & moytié par force, ie l'arrefte tout bellement & le careffe fort pour luy témoigner que fon opiniaftreté luy a valu les coups qu'il a receus auparauant, & fans luy demander autre chofe ie le remmene à l'écurie.

Mais s'il perfifte en fon obftination, au lieu de luy faire coftoyer ce foffé, ie commence à l'entreprendre fur les voltes tant fur vne main que fur l'autre fans luy épargner la gaule ny les éperons, & au lieu de le parer entre icelles, ie le pouffe droit & de furie au bord d'iceluy, où luy prefentant le temps de fe difpofer à s'élancer ie le l'y conuie plaifamment, & en cas qu'il s'y retienne fans me faire aucune demonftration d'amandement, ie le braue le plus furieufement que ie puis, & le remets fur les voltes fans luy donner aleine, & apres en auoir fait vne ie le repouffe iufques au lieu de fon refus pour éprouuer tout à fait fa mefchanceté en laquelle perfiftant, les plus rudes châtimens luy feruent de careffes, & puis felon qu'il a de force & d'aleine, ie luy fais encore coftoyer ce foffé au petit pas s'il manque d'air & de vigueur, finon

au trot ;

au trot ; mais au lieu de le faire defcendre dedans pour le paffer comme auparauant, ie le volte vne fois fur la main droitte pour le porter plus commodement au bord d'iceluy, où fans
l'inquieter ie le conuie de le fauter fans fe plus faire tormenter, ce qui m'a plufieurs fois reuffy,
& cela arriuant ie le demonte & le remmene en main pour ce iour là.

Et arriuant auffi qu'il n'y obeïffe non plus qu'au lieu d'où ie l'ay apporté, tant de dépit qu'il
peut conceuoir de fe voir maiftrifer fi imperieufement, que pour la colere qui luy comman-
de, apres luy auoir chauffé trois ou quatre fois gaillardement les éperons, ie le conduis au petit pas pour luy laiffer prendre aleine, aux foffez qu'il a paffez, tachant en y allant de le repatrier & de luy faire perdre fon mauuais courage, & ne le l'y reprefente point que ie n'aye remarqué qu'il foit en état d'entendre aux aydes que ie luy veux donner pour le faire fauter, ce
qui m'a auffi fort bien fuccedé en plufieurs cheuaux fort ardens & impatiens.

Que fi les forces luy manquent, ou fe tient tellement entier qu'il n'y ait pas moyen de le
vaincre, pour ne le rebutter point d'vne part, & pour ne le fouler pas de l'autre, ie le remmene au grand trot fans luy faire autres careffes qu'à coups d'éperon, iufques à ce que i'aye mis
pied à terre, où pour fon herbe ie luy en donne trois ou quatre de ma gaule au trauers des
flancs, le faifant au refte pourmener & bien penfer iufques au lendemain que ie le remonte
en le flattant, & le remene à la campagne, mais non aux mefmes foffez que le iour precedent,
où ie fais tout ce qui m'eft poffible pour en tirer raifon, & quelques bons fauts fans l'affliger
aucunement, qui eft vn vray moyen de gaigner les cheuaux les plus fougueux qui fe puiffent
voir eftant prudemment prattiqué, autrement c'eft vne voye de perdition.

Ie ne pafferay point auffi fous filence les commoditez qui prouienent de la chaffe pour refoudre les cheuaux qu'on dreffe aux fauts, tant des hayes que des foffez, comme ceux qui ont
piqué les chiens, & couru le cerf, & le cheureul, fçauent combien vaut la prattique de ce plaifir pour abattre la colere des cheuaux & pour leur faire eftendre leurs forces, à fin de ne tomber pas dans les foffez, & les hauffer du deuant & du derriere, de peur de demeurer la tefte és
hayes : Mais attendu qu'il ne faut pas trauailler vn cheual de guerre comme vn courtaut de
chaffe, le Caualier s'en doit feruir difcrettement, & le l'y doit mener auec vne grande prudence & beaucoup de iugement ; d'autant que s'il luy vouloit faire manger du cerf à toute
bride, qu'il le rendroit pluftoft fur les dents qu'il ne feroit feulement arriué à l'ombre ou à
l'apparence de la perfection.

Et partant lors qu'il aura vn cheual de grand cœur & de bon nerf, mais fougueux & impatient il luy fera fuyure la chaffe plaifamment, trottant pluftoft que galoppant, & fuyuant
pluftoft ceux qui vont aux auenuës que la befte ; & lors qu'il fe trouuera quelque foffé, il ne
manquera pas à l'ayder de la main à prendre le temps de s'élancer, ny à le l'y conuier de la
voix, fans le battre ny de la gaule, ny des talons encore qu'il en face refus ; ou à peine luy def-
obeïra-il, fpecialement s'il luy en fait fuyure quelqu'vn qui faute premierement : Car le genereux eftant en la compagnie d'autres cheuaux, ne peut mefmement fouffrir qu'vn autre paffe
deuant luy, quoy qu'il ne foit point de fa taille ny de fa force ; qui me fait dire que fi fon cheual fe retient apres les autres fans fauter librement comme eux, & qu'au lieu d'entendre aux
auertiffemens qu'il luy en donne, il commence à les regarder, hanir & trepigner, que tel refus ne part point de mauuaife volonté qu'il ait, mais feulement d'apprehenfion de ne pouuoir pas bien fauter.

Cela eftant il l'animera feulement de la voix, à fin de luy ofter le foupçon, ou pluftoft le
deffy qu'il a de fes forces, & tachera de le faire fauter au mefme lieu fans en partir, tant qu'il
pourra apperceuoir les autres, fans que l'impatience le luy face gourmander, puis qu'il ne le
refufe pas de mauuais cœur ; & eftant contraint de paffer outre, il le luy fera coftoyer iufques à ce qu'il ait trouué quelque endroit plus facile, que celuy d'où il la ofté, & le luy prefentera le plus paifiblement qu'il pourra ; & auenant qu'il face encore les mefmes contenances

M   3

qu'il a faites au premier lieu, & qu'il demonſtre par là, qu'il a bien deſir de ſauter, mais qu'il manque de hardieſſe: apres le l'y auoir aſſez retenu, il le reportera au lieu d'où il eſt party, où il luy preſentera les aydes & le temps du ſaut comme auparauant, à fin que venant à connoiſtre qu'il n'y a pas moyen qu'il puiſſe ſuyure les autres s'il ne ſaute, il s'enhardiſſe & ſe hazarde de ſauter, ou à tout le moins de deſcendre dans le foſſé.

Et ſi toutesfois il continuoit ſon trepignement au lieu de ſe raccueillir & de ſe diſpoſer à ſauter, il le reportera derechef à l'autre lieu plus commode, où il n'épargnera rien de l'art qui le puiſſe obliger à le franchir; & perſiſtant en ſon apprehenſion, s'il me veut croire il fera prendre l'vne des cordes du caueſſon de ſon cheual à vn homme de pied, qui ne le doit point quitter ce iour là, où s'il n'en auoit point qui euſt vne corde de laquelle il luy peuſt faire vn licou, de peur que l'attachant ſimplement à la muſerolle elle ne ſe rompiſt, & que le luy ayant mis à la teſte ſautaſt, tenant le bout de ſa corde en main, & l'attiraſt à luy cependant qu'il luy donnera les aydes conuenables aux ſauts, & qu'il le chaſſera de la gaule & du talon, à fin de le faire élancer, ce qu'il fera promptement, & apres luy auoir oſté ce licou de la teſte & l'auoir fort careſſé, il le mettra ſur la piſte des autres au grand trot, luy permettant quelquefois le petit galop, pour luy faire connoiſtre qu'il n'a pas tenu à luy qu'il n'ait touſiours eſté en leur compagnie.

Et ſi d'auanture il trouue encore quelque foſſé auant que de les attrapper, il ne doit pas manquer de le l'y preſenter, d'autant qu'il reconnoiſtra là s'il aura fait ſon profit de cét ayde, & s'il aura quitté l'apprehenſion qu'il auoit de demeurer dans le premier, & quoy qu'il trepigne encore y arriuant, ie l'auiſe que tant plus fort qu'il battra la terre, que tant plus il aura volonté de ſauter, ce qu'il fera bien-toſt le l'y encourageant & l'aydant à ſe ramaſſer pour mieux s'élancer: mais s'il y demeure en vne action à demy éteinte tournant la teſte pour voir ſi l'homme de pied le ſuit, ou eſt là; c'eſt ſigne qu'il deſire encore ſon ſecours, & partant le fera-il haſter & le ioignant, au lieu de luy faire encore vn licou de cette corde, il ne fera que luy paſſer la main ſur la teſte, & en donner vn bout au Caualier, tandis qu'il ſautera auec l'autre, & luy preſentant les aydes comme deuant, il verra en ce ſecond ſaut qu'il luy fera bien-toſt perdre ce deffy, & s'il s'apperceuoit qu'il n'euſt pas cette corde au tour de la teſte & qu'il ſe retinſt pour ce ſujet, il faudroit que l'homme repaſſaſt promptement, & la luy attachaſt ſeulement tout au tour de la muſerolle en forme de lacs courant, à fin que s'y ſentant preſſé il reconneuſt en eſtre ſecouru tout de meſme qu'auparauant, & qu'il repriſt la hardieſſe de ſauter, ce qu'ayant fait gaillardement il ira droit aux autres ſans l'en rechercher d'auantage, à fin de luy conſeruer ſes forces pour le faire ſauter en les ſuyuant à la premiere occaſion; ce qui m'a ſi bien reuſſi que i'oſe promettre au Caualier de bon iugement, que ſe comportant tout ainſi que i'ay dit, qu'il pourra en trois ou quatre iours de chaſſe auoir ſon cheual bien ſautant hayes & foſſez; & à fin que le nombre de ces trois iours ne le trompe point, ie n'entens pas que ces trois iours ſoyent iours conſecutifs, d'autant que ce ſeroit iouër à perdre ſon cheual par vn trauail ſi penible, mais ſeulement vne fois la ſemeine, ou deux tout au plus, & ſeulement vne fois le mois apres qu'il les ſçaura pafaittement bien ſauter, pour luy entretenir ſon école, à fin qu'il l'en trouue plus fort & vigoureux quand il faudra qu'il s'en ſerue tout à bon eſcient.

Pour

Pour asseurer le cheual à ne craindre aucunement ny épees, ny halebardes, ny pertuisanes, ny piques.

TITRE XII.

Est peu de chose à vn Caualier d'auoir vn cheual parfaittement bien four-
nissant à tous airs à l'école, si là où il n'y a aucun danger, il n'y a par consequent que du plaisir ; mais c'est beaucoup quand il en faut venir aux mains, &
donner dedans vn bataillon bien ordonné, de se voir monté sur vn cheual qui
n'apprehende ny piques, ny pertuisanes, ny halebardes, ny épées, attendu
qu'il n'y a animal qui ne redoute les coups, & en suitte les instruments dont ils se donnent:
Ce qui me fait hardiment dire, que tout Caualier doit plus employer de peine & de temps à
aguerrir ses cheuaux, pour en tirer le seruice qu'il en espere en quelque belle iournée, qu'à leur
donner tant de trauerses pour leur faire comprendre les iustesses des airs releuez qui sont inutiles en vne meslée.

Et d'autant qu'il ne se void point qu'on prattique cét exercice és maneges, comme il se deuroit, toutesfois à tout le moins tous les trois mois, pour en donner la connoissance aux Eco-
liers, qui n'apprenent à monter à cheual que pour se rendre plus adroits à seruir leurs Princes
& patries en leurs affaires, & esperant que la Noblesse me sçaura bon gré de luy trasser le moyen d'asseurer d'elle-mesme ses cheuaux, pour ne se trouuer point engagée à la mercy de l'ennemy lors qu'il est question de s'en defendre & de le defaire, i'auise le Caualier, que dés qu'il
aura son cheual dans la main & dans les talons, c'est à dire, obeyssant à la main & à l'éperon,
qu'il doit commencer à luy faire reconnoistre toutes sortes d'instrumens de guerre, & specialement les épées, halebardes, pertuisanes, & piques, attendu qu'elles font plus de monstre &
d'apparence pour luy en faire redouter les coups, que les canons & autres bastons à feu : Et
parce que l'épée est vsitée tant és batailles & rencontres, qu'és duels ; c'est par elle qu'il doit
commencer à l'asseurer à n'en craindre aucunement les coups, ains à se porter courageuse-
ment droit à celuy à qui il la voirra au poing toute nuë ; ce qu'il pourra facilement effectuer
s'il y accoustume son cheual en cette sorte.

Premie

PRemierement, il inftruira vn homme bien adroit & auisé de tout ce qu'il deura faire lors qu'il le voira fur fon cheual aller droit à luy ; c'eft à fçauoir qu'il fe pouruoira de quelque fleuret carré bien poly, & fe portera en quelque lieu bien applany, là où il puiffe fuir tantoft deuant le cheual, & tantoft fe jetter à quartier comme s'il s'en vouloit dérober, & là y attendre fon Caualier, tenant fon fleuret au cofté comme fi c'eftoit vne épée, & lors qu'il le voira à quelques fept ou huict pas de luy, marchant fon petit trot, il en fera tout ainfi que s'il tiroit fon épée hors du fourreau, & fe mettant en garde, fera femblant de l'en vouloir frapper, reculant d'autant plus que le Caualier s'auancera, continuant de luy faire perpetuelle demonftration d'oftilité, & apres auoir ainfi contefté, autant qu'il aura eu de force au bras, il s'en fuyra quelques vingt pas, & tout d'vn temps il tournera vifage au cheual, recommençant de plus belle à luy faire paroiftre fa feinte inimitié, puis apres auoir affez fait de deffence, il s'en fuyra dix pas, & comme par furprife, il fe retournera droit au cheual joüant toufiours fes jeus, mais neantmoins fans le toucher, puis tout d'vn coup fe iettant à cartier il feindra de fe laiffer tomber, & au mefme temps le Caualier le pouffera au galop vingt ou trente pas, à fin de donner loifir à fon homme de refpirer, & de fe tenir preft de le receuoir apres qu'au bout de fa paffade il aura fait deux ou trois voltes à droitte & à gauche, & qu'au lieu de l'arrefter il ne luy fera faire qu'vn demy arreft vis à vis de fon ennemy, pour le mener droit à luy au grand trot, qui luy ayant fait autant de demonftration qu'il aura peu de s'en vouloir defendre, commencera à ruzer çà & là, à la façon du lieure qui fe veut defaire des chiens, & le Caualier de fa part en imitera l'action, à fin de donner courage à fon cheual, luy monftrant de fa gaule qu'il ne defire rien tant que de l'attrapper, luy en donnant quelques coups fort legerement; & apres auoir ainfi bien queftionné, il s'enfuira droit deuant de toute fa force quelques pas, puis fe iettera à cartier pour faire voye au Caualier, qui luy fera tirer vne petite paffade pour le venir tout à fait parer aupres de cét homme qui luy ira faire force careffes tenant fon fleuret éleué, & luy donner quelque douceur pour témoignage de reconciliation, à fin de l'accompagner plaifamment iufques à l'écurie, où le Caualier luy fera le femblable.

Le l'endemain il fera qu'au lieu d'vn hôme, il s'en trouuera trois ou quatre bien inftruicts de fon intenfion au lieu deftiné à fa leçon, & tellement difpofez qu'il le puiffe porter facilement de l'vn à l'autre, & à mefure qu'il connoiftra qu'il s'enhardira, voulant quafi de luy mefme les aller trouuer, il fera que deux ou trois fe prefenteront de front à luy auec leurs fleurets bien polis, à fin qu'il prenne affeurance à leurs brillans qui fera mefme vne premiere voye pour luy ofter tout foupçon des éclats des autres armes, & en contredifans fon paffage ils fe reculeront également ioüans de leurs fleurets, de façon que l'vn rencontre quelquefois l'autre fi viuement qu'il en forte quelques étincelles de feu, puis quand la force de leurs bras aura feint tout ce qu'elle aura peu pour l'empécher de paffer outre, ils fe fendront & luy feront large, pour auoir moyen d'aller afronter les deux autres qui le receuront & fe comporteront en fon endroit, tout de mefme que les premiers.

Cela gaigné fur eux, ils fe reioindront & le menaceront tant de leurs armes que de leurs cris, pendant que le Caualier, ayát auffi le fleuret au poing, tournera tout au tour, l'employant comme fi s'eftoit vne épée, changeant de garde à mefure qu'il changera de main & frappant le plus rudement qu'il pourra fur les autres, à fin de luy accroiftre fon affeurance, & lors qu'ils le verront libremét s'auancer fur eux, ils fe reculerôt en efcrimant tant qu'ils pourront, & pour reprendre aleine, ils s'ouuriront & le laifferont paffer fans luy faire aucun mal, au tour defquels il le pourmenera au pas auerty iufques à ce qu'il les voye derechef en defenfe, lefquels il entreprendra plus furieufement que deuant, qui tiendront peu, & à fin de mettre fin à l'exercice, qui s'écarteront tout auffi-toft, comme s'ils vouloyent s'en fuïr tout à bon efcient, & qui fe voyans chaudement pourfuyuis, feindront de tomber par terre, à fin que par cette victoire il ait moyen de flatter fon cheual & de le remmener paifiblement au montoüer.

Les

A TRES NOBLE ET VAILLANT CAVALIER MONSIEVR THEODORE BARTHELEMY DE PLESSEN

N

LEs mesmes hommes se retrouueront au mesme lieu la troisiéme iournée auec des piques, halebardes, florets, & pertuisanes, où le Caualier menera son cheual bardé, de peur que quelqu'vn ne l'offençast sans y penser ; & tout aussi-tost qu'il les voira en estat de les mettre en besoigne, il les luy fera reconnoistre en les costoyant d'assez loing pour le commence-ment, l'en approchant pas à pas tout doucement, puis voyant qu'il ne s'en estonnera point il l'animera de la voix à donner dedans courageusment, & apres l'auoir assez retenu en aleine, ils luy feront iour, à fin qu'il le puisse pousser tout au trauers, pour aller prendre air, vne petite passade plus outre, où il le caressera tout aussi-tost qu'il aura tourné visage, pour plus gaillar-dement retourner à la charge, qu'ils luy feront plus rudement qu'ils n'auront fait à leur pre-miere rencontre, se souuenants aussi de ne le point tant retenir en contestation qu'ils ne se fendent de telle sorte que le Caualier le puisse faire passer & repasser deux ou trois fois tout au trauers d'eux, & qu'ils ne feignent si accortement vne déroute, qu'il ait sujet de le pour-mener sur le champ de bataille comme victorieux, à fin de l'enhardir tellement que de là en auant il n'ait non plus peur d'eux que de leurs armes.

Et tandis que le Caualier l'entretiendra plaisamment sur la place de sa victoire, ils s'iront rallier à quelques cent pas de là, où l'attendans de pied coy & bel ordre, ils ne manqueront pas de tant loin qu'ils l'apperceuront à crier & à faire le plus de bruit qu'ils pourront, à fin que le Caualier ait sujet de les aller trouuer au grand trot, pour prendre le petit galop à quelques vingt pas d'eux, l'encourageant de tout son pouuoir à en tirer sa raison & à les mettre dere-chef en desordre & en fuïte, laquelle ils prendront plus promptement qu'au parauant, à fin de luy rehausser tellement son courage, qu'il se puisse porter de luy mesme contre tout ce qui luy voudroit faire teste ; & les poursuyuant les vns apres les autres en ce desarroy chacun se tournant tantost d'vn costé, & tantost de l'autre se plaira à luy faire le plus de resistance qu'il luy sera possible ; mais enfin il faudra que pour le dernier adieu tous cedent à sa valeur, en se laissans tomber par terre sans plus se releuer ; & que cependant le Caualier tenant son floret tantost haut, tantost bas, tantost sur vne garde, & tantost sur l'autre, le passage tout au tour de ces hommes se feignant morts, parlant furieusement, & en homme faché de tant de braua-des, & le caresse aussi long temps qu'il luy laissera considerer son ennemy abattu ; puis pour-suyuant son chemin comme s'il n'auoit plus rien à démesler, il apostera quelque piquier en quelque endroit par où il voudra passer pour se retirer, qui fera ferme de sa gaule tout de mesme que si c'estoit vne pique, & le laissant passer luy en donnera legerement sur la croup-pe, à fin que ce coup conuie le Caualier de tourner bride, & de luy faire voler sa perche en éclats pour témoigner à son cheual qu'il n'a l'épée au poing que pour le defendre de son en-nemy, ce qu'ayant fait il le retiendra encore quelque peu sur le lieu, d'où ce soldat ne se re-muera non plus qu'vn tronc d'arbre couché le long d'vn chemin, puis s'en ira pompeuse-ment le demonter auec mille & mille caresses,

Pour

A TRES ILLVSTRE ET TRES GENEREVX SEIGNEVR MONSEIGNEVR ANTOINE HENRY, COMTE DE OLDENBVRG, ET DELMENHORST SEIGNEVR DE IEVERN ET KNIPHAVSEN. &c.

Pour asseurer le cheual qui s'épouuente des coups de canon, mousquets, pistolets, & des autres instrumens de guerre.

TITRE XIII.

IL y a trois choses touchant l'Artillerie, qui épouuantent grandement quelques cheuaux, à sçauoir le feu, la fumée, & l'odeur de la poudre, & bruit des canons & des autres armes; Et pour le regard du feu, il y en a bien peu qui ne le redoutent naturellement, & qui en veullent approcher & passer au trauers sans difficulté, qui fait, que pour leur en faciliter la souffrance & la prattique, que le Caualier y doit employer tout ce qu'il peut auoir d'industrie & de patience; parce que ce qui plus trouble le cheual n'est pas la peur d'en estre bruslé, pour n'auoir iamais éprouué que le propre effet du feu soit de brusler, mais bien la flame qu'il voit transparente, s'éleuant, & s'abaissant selon qu'elle en a de matiere, & allant d'vn costé & d'autre comme l'air & le vent l'agitent, ce qui me fait dire qu'il n'en a peur qu'à faute d'habitude, & par consequent qu'il est facile par la prattique de l'accoustumer à passer, mesme tout au trauers lors qu'il en sera de besoin.

POur commencer à le luy faire reconnoistre, ie serois d'auis que le Caualier l'attachast entre chien & loup entre deux piliers en quelque longue allée, & que vis à vis de luy, & assez loin pour la premiere fois, il fist tenir à vn homme vn brádon de paille ardente, dont la flame se monstrera plus rouge & effroyable en ce temps obscur qu'en plein iour, où la plus grande lumiere offusque l'autre, & que pas à pas il s'approchast du cheual, s'arrestant souuent tout court assez long temps selon qu'il en seroit partroublé, à fin que par ces arrests il eust le loisir de se resoudre à ne rien craindre; & s'il en fait peu d'estat le voyant venir droit à luy, il se peut promettre de le luy asseurer en peu de temps: Mais si aussi il s'en offence de telle façon que ronflant il se mette en grád fougue, & tâche de se deliurer de la subjection des piliers en reculant, se cabrant & sautant, il faut qu'il diminuë le brádon, à fin qu'il n'en jette pas vne si grosse flame, & qu'au lieu d'aller droit à luy, il s'en arreste loin & coy, iusques à ce qu'il soit reuenu à soy, & puis qu'il s'auance quasi insensiblement iusques à ce qu'il le puisse aller trouuer tát viste qu'il pourra courir, prenant bien garde en l'abordant de ne s'en approcher pas si pres que la flame le puisse brusler.

L'ayant reduit iusques à ce poinct, le Caualier, qui se sera tousiours tenu pres de luy pour l'asseurer cependant par ses mignardises, tandis que celuy qui aura eu le brandon allumé l'aura leuré, il le montera tout doucement, & au lieu de le luy faire apporter par cét homme, il l'acheminera droit, où il l'attendra auec son feu au petit pas sans l'arrester, si ce n'estoit qu'il vist qu'il voulust entrer en doute, car lors il faut qu'il l'arreste tout à fait, & qu'il le caresse fort pour luy oster le soupçon qu'il en pense prendre, & puis il continuera son dessein le plus plaisamment qu'il pourra; & arriuant aussi pres de l'homme, qu'il s'en est auparauant approché, il fera semblant de s'en fuïr, & le Caualier le poursuyura doublant le pas quelque temps, puis il luy tournera visage pour luy donner de l'herbe ou quelque autre douceur propre au goust des cheuaux.

Cela fait, le Caualier le tournera comme s'il s'en vouloit aller à l'écurie, & se voyant assez éloigné de cét homme & de son brandon, il le remettra droit à droit d'iceluy, où apres l'auoir

quelque

A TRES NOBLE ET TRES VALEVREVX CAVALLIER MONSIEVR IEAN GEORGE SEEBACH &

N 3

quelque peu retenu paiſiblement & flatté, il le fera partir au trot & le pouſſera ſi diligemment qu'il le puiſſe aborder au galop, mais celuy qui aura le brandon en main le voyant aſſez pres de luy s'ecartera, à fin que le Caualier ait moyen de le faire paſſer outre quelques
vingt pas ſans rencontrer aucune incommodité, luy renforçant le galop d'autant plus qu'il
en approchera pres, & puis il commencera à luy ayder à ſe retenir pour faire vn bon arreſt,
apres lequel il le retournera vis à vis de ſon homme qui ſe ſera remis ſur ſa piſte, auquel il le
reportera au petit pas, qui le careſſera fort de la main & luy donnera quelque friandiſe, puis
il s'en ira le demonter, faiſant marcher ſon brandon touſiours quelques pas deuant luy.

    La cauſe pourquoy i'entends que le Caualier le pouſſe de cette ſorte vers le brandon, & qui
le face paſſer outre au galop, eſt, à fin que le cheual puiſſe s'imaginer d'auoir paſſé tout au
trauers ſans en auoir reſſenty aucune affliction, à fin que le lendemain s'en reſſouuenant il ne
face aucun refus de partir, ny de paſſer au trauers du feu qu'il luy fera allumer en cette ſorte.

    Eſtant ſur ce lieu meſme, il fera que ſon homme tiendra ſon brandon bien allumé, & fai-
ſant partir ſon cheual au trot pour l'aller aborder au grand galop, il ſe preparera de le coucher par terre ſi dextrement qu'il ne le puiſſe pas découurir, ce qu'il fera facilement en ſe baiſ-
ſant petit à petit, & apres l'auoir mis à bas au trauers du lieu où il deura paſſer, il ſe releuera
bellement & s'en tiendra preſt, s'en retirant neantmoins deux ou trois pas pour luy faire
voye, & apres que le Caualier l'aura fait paſſer par deſſus, il luy preſentera l'aide de la main
tout bellement pour le parer, & apres l'arreſt il le chaſſera auant trois ou quatre pas pour le
remettre ſur ſa premiere piſte & le rapporter aupres de ce brandon, qu'il laiſſera par apres
touſiours à terre, où l'ayant bien careſſé tandis qu'il le conſiderera à ſon aiſe, & le voyant
quaſi amorty, il le ſolicitera de le repaſſer ainſi au petit trot, & pendant qu'il le reportera ſur
le lieu de ſon premier party, l'homme épandra de la paille ſur le brandon & la fera éprandre
tout auſſi-toſt qu'il voira que le Caualier aura tourné bride, & qu'il retiendra ſon cheual
droit & preſt de repartir au petit galop, à fin de le pouſſer plus gaillardement arriuant aupres
de cette paille qui ſera toute en flame, pour ne luy donner le loiſir d'en reconnoiſtre la grandeur, & auſſi que paſſant au trauers elle ne luy puiſſe bruſler les iambes, & continuant cét
exercice quelques iours, il connoiſtra en effet qu'il paſſera dans peu de temps au trauers de
quelque grand feu qu'il luy puiſſe preſenter.

    MAis d'autant que le feu qui ſort des bouches & des lumieres des baſtons à feu ne fait
que paſſer, & ſi viſte que le cheual n'en peut comprendre en ſi peu de temps les cauſes
ny les effets, dont il s'en part trouble dauantage : pour luy en oſter l'apprehenſion il n'y a rien
tel que de l'attacher entre deux piliers, & faire que l'homme au brandon tiene vne méche de
mouſquet allumée en main aſſez éloigné de luy au commencement, & qui s'en approche tout
bellement en le tournant de trois en trois pas deux ou trois tours, iuſques à ce qu'il en ſoit à
quatre ou cinq pas pres, où il ſe tiendra droit deüant luy faiſant vn tour, & l'entremettant
d'autant de temps qu'il en faudroit à faire vn pas, il fera encore vn tour, & continuera cette
action iuſques à ce que le cheual n'en ait plus peur, & puis il l'accoſtera tout à fait & luy donnera quelque peu d'herbe, & pendant qu'il la mangera, il remuera par fois ſa méche pour
luy faire paroiſtre qu'il ny a rien à craindre.

    Mais s'il eſtoit ſi apprehenſif qu'en voyant ces premiers tours qui doiuent eſtre viuement
fais, il ſe vouluſt forcer à ſe mettre hors des piliers, lors il faudra qu'il les face fórt lentement, à fin de luy donner temps de les conſiderer, ſans les luy precipiter, qu'il n'en reçoiue les premiers en bonne part ; & cependant le Caualier ſe tiendra aupres de luy l'aſſeurant
de la voix, & de la main, ſi faire ſe peut, le mieux qu'il pourra, & ne l'en effrayera point trop
la premiere fois, de peur qu'il ne s'en imaginaſt trop viuement quelque mauuaiſe iſſuë qui le
peuſt empeſcher de s'y reſoudre ; & partant s'ils'en tormente par trop, ce ſera aſſez de luy en
faire

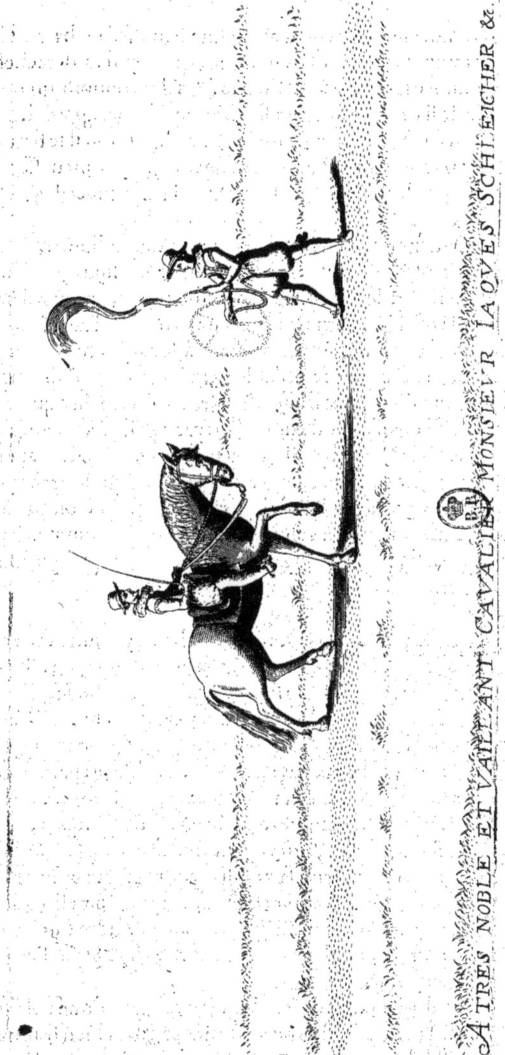

A TRES NOBLE ET VAILLANT CAVALIER MONSIEVR IAQVES SCHLEICHER. &c

faire voir cinq ou six tours assez long temps faits les vns apres les autres, & d'assez loing, aprés lesquels cét homme l'ira caresser & asseurer, pour le ramener plaisamment & sans soupçon à l'écurie.

Le lendemain le Caualier le remmenera au mésme lieu, où il tachera de le retenir; se tenant ferme dessus quelque temps vis à vis de son homme, qui luy fera derechef voir par semblables tours, sa méche allumée sans bouger d'vn lieu, & s'il reconnoist qu'il ait fait son profit de la premiere leçon, lors le flattant il auertira son homme de s'en approcher tout bellement en luy presentant de pas en pas les mesmes tours de sa méche; sinon il se fera ayder par quelque homme de pied à le l'y retenir sans le frapper aucunement ny le menasser, à fin de luy en faire souffrir autant en cette posture, qu'il en aura receu le iour precedent estant attaché entre les deux piliers.

Et s'il s'y resout facilement sans s'en inquieter, cét homme allumera sa méche par les deux bouts, l'vn desquels il tiendra droit auec la main gauche tousiours deuant ses yeux, & tournera l'autre fort brusquement de la droitte depuis son partir, iusques à ce qu'il soit à quatre ou cinq pas du cheual, là où il les tournera tous deux l'vn apres l'autre quelque temps, & puis cessant ce iouet il le caressera fort & s'en retournera à son quartier, d'où partant plus promptement qu'auparauant, le Caualier semblablement s'auancera aussi vers luy au trot, ou au galop, selon qu'il l'y sentira disposé; & là où se fera le rencótre, celuy qui aura les méches se tirera à costiere pour le laisser passer, & d'autant plus pres qu'ils s'entreioindront, d'autant plus alentira-il les mouuemens de sa méche s'il va le pas ou le trot, & d'autant plus les renforcera il s'il galoppe asseurément, & passé qu'il sera il le retiendra tout doucement, pour tourner visage à son homme qu'il luy fera accoster, à fin d'en receuoir sa recompense, apres laquelle il le remmenera demóter, faisant marcher celuy qui aura la méche allumée si pres du cheual qu'il le puisse flatter d'vne main sur le col, & luy monstrer tousiours quelque tour d'icelle de l'autre subtilement & rarement.

Qvand au feu & à la fumée de la poudre, le Caualier luy pourra faire voir & sentir l'vn & l'autre en cette mesme place, le lendemain estant accompagné d'vn homme fourny de poudre, & de méche allumée, qui voyant le cheual droit & en belle posture deuant luy mettra le feu à quelque peu de poudre qu'il aura dans sa main gauche, qu'il aura sur son gan, ou quelque autre chose pour éuiter la brusleure, ou que la sueur d'icelle ne l'empéchast de le prendre, puis il se reculera neuf ou dix pas en arriere, où il se preparera de le l'y receuoir derechef, pendant que le Caualier le fera auancer iusques sur la fumée du premier feu, sur laquelle il le retiendra droit & ferme iusques à ce qu'elle se soit dissipée, & que l'homme soit en deuoir de luy faire le mesme office, qui voyant que le cheual se fera assez longuement retenu sur son premier effet, donnera feu à sa poudre & se retirera comme deuant, tandis que le Caualier le portera gaillardement receuoir cette fumée qui doit estre plus grosse que la premiere, & sans s'y beaucoup arrester il repartira pour aller ioindre son homme qui cependant aura encore renforcé sa poudre pour luy en mieux faire voir & sentir l'effet, là où l'vn & l'autre le flatteront à qui mieux mieux.

Et pour luy faire paroistre qu'il ne doit redouter ny feu, ny fumée, il fera tenir six hommes en cette allée mesme, distans les vns des autres de dix pas, tous bien fournis de bonne poudre, & de méche allumée, qu'ils luy menera reconnoistre sans qu'il en reçoiue aucun signe de quelque mauuaise partie, à fin que l'ayant tourné & reporté au petit pas au lieu d'où il voudra partir au petit galop, il en coure plus hardiment & sans soupçon, mais il faut que tous ces hommes tienent vn baston, ou vne fourchette de mousquet en main, pour commencer à l'accoustumer à ne craindre point les armes, excepté le premier & le dernier, qui se tenans deux pas à costé du cheual ferót feu & fumée, tout aussi-tost qu'ils le voiront à trois ou quatre

pas pres

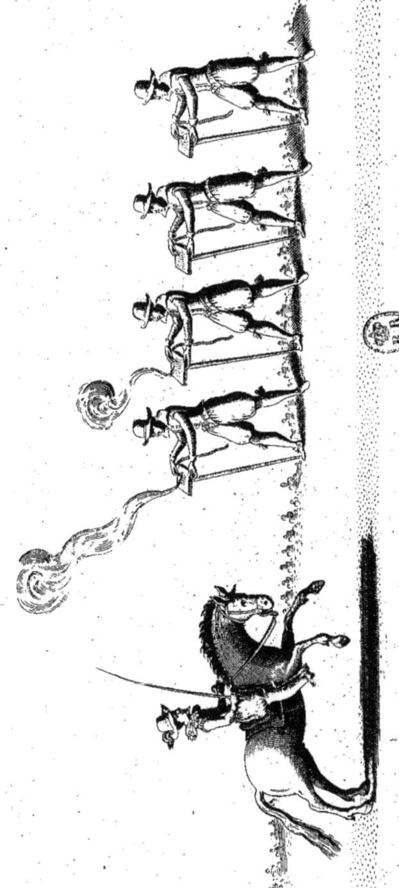
TRES ILLVSTRES ET GENEREVX SEIGNEVRS MESSEIGNEVRS IEAN E BARTELEMY BARONS DE ZIEROTINA

pas prés d'eux, & qui se diligenteront de luy en preparer d'auantage tout incontinent qu'il les aura passez, à fin que le Caualier l'ayant tourné & remis droit sur la piste de sa premiere cour- se pour luy donner air & faire caresse, ils ne manquent pas de le receuoir pour la seconde fois auec plus de feu & de fumée que la premiere, dés qu'il le fera repartir, se souuenant de luy di- minuer la furie de sa course tout aussi tost qu'il les aura passez derechef, à fin de luy faire plus doucement tourner teste à ses ennemis, qui pour leur dernier coup de main se remettront en deuoir de luy témoigner qu'ils ne luy veulent pas estre chiches de poudre, lors que le Caua- lier le repoussera pour luy faire fournir encore cette carriere comme en dépit d'eux, qui par apres se tiendront pres de luy faire autant de caresses qu'ils luy auront fait de feu & de fumée auparauant, tout incontinent qu'il l'aura remis sur ses premieres erres, d'où apres l'auoir bien flatté il le conduira au petit pas de l'vn à l'autre de ces hommes, qui chacun en particulier luy donneront de l'herbe, ou quelque autre douceur, & l'accompagneront iusques au montoüer où ils prendront congé de luy auec force caresses.

POur le regard du bruit des canons, & du cliquetis des armes, le Caualier s'y comportera en cette sorte, pour y asseurer son cheual, il mettra ordre auãt que de le monter, que ces hom- mes qui tenoyent le iour precedent ces bastons ou fourchettes auec de la poudre & de la méche allumée, se trouuent en quelque lieu assez long, large, & bien applany, chacun d'eux ayant le casque ou bourguignotte en teste, la cuirasse sur le dos, & le pistolet en main, bandé, & émorcé de bon poulucrain seulement pour ce premier coup; Et sçachant qu'ils le luy atten- dront ordonnez de dix en dix pas, les vns pres des autres, il l'y conduira plaisamment, où le premier de ces hommes sans son habit de teste le receura à trois ou quatre pas pres d'eux, à costiere de luy auec le feu, & le bruit de la detente de son pistolet, comme feront consecuti- uement les autres, trottant seulement, le dernier desquels n'aura aussi que son chappeau sur la teste, & tandis qu'il l'ira changer de main à vingt pas de là, ils les chargeront à demy, à fin de luy faire entendre le premier ton de la musique de Mars, le plus proche commençant à delácher le sien, lors qu'il le voira changer son trot au petit galop à quelques six pas de luy, & les autres faisant le semblable de suite en suite excepté le dernier, qui ayant le sien tout à fait chargé l'en saluëra si proprement que le papier, la bourre, ou le drapeau ne luy puissent faire aucun mal, & puis le suyura pour l'aller flatter tout aussi-tost que le Caualier l'aura re- mis sur sa piste, pour luy faire prendre aleine, & asseurance auec toute sorte de caresses, pour luy donner courage d'y retourner allegrement, & à fin de leur donner le loisir de recharger tout à bon escient, & les voyant preparez à la charge il repartira au trot, pour prendre le ga- lop plus gaillardement, tout incontinent que le premier d'eux aura enuoyé son pistolet au vent pour conuier ses compagnons de faire de mesme, le luy renforçant iusques au dernier, apres lequel il l'aidera le plus doucement qu'il pourra de la main, pour luy faciliter le moyen de se volter au petit galop, s'il a encore assez de force & d'aleine, ou au trot, ou au pas s'il en manque pour le representer encore à ses ennemys, le flatter & luy donner de l'air, à fin de faire encore hardiment vne course, qu'il commencera comme deuant quand il leur voira les armes en main pour luy fournir de passe-temps, apres laquelle il luy fera paroistre le conten- tement qu'il aura de son obeïssance, tant de la main que de la voix, & le desir de mettre bien tost fin à cét exercice, par vne derniere carriere qu'il luy donnera lors qu'il le luy connoistra bien disposé, au bout de laquelle l'homme qui aura la teste nuë l'ira trouuer pour luy don- ner quelque douceur, & apres le luy auoir assez flatté, il l'accompagnera iusques au second qui luy donnera de l'herbe, ou quelque fueille de laituë, ou de chicorée, auec le bout de son pistolet, & puis le suyura iusques au troisiéme, & le troisiéme iusques au 4. & le quatre, & le cinq, iusques au sixiéme qui ne les luy épargneront pas plus que les premiers, & puis le con- duiront

A TRES ILLVSTRE ET GENEREVX SEIGNEVR MONSEIGNEVR GVILLAVME BARON DE GERA .&c.

duiront iuſques à l'écurie, les vns marchans deuant, & les autres à ſes coſtez, comme vaincus de ſa hardieſſe.

Le lendemain les meſmes hommes s'y tranſporteront derechef tous armez, auec chacun vn mouſquet & vne fourchette, de la poudre, & de la méche allumée, où ayant repris leurs places du iour precedent, & ſe tenans en meſme poſture que s'ils vouloyent tirer, le Caualier les fera reconnoiſtre à ſon cheual l'vn apres l'autre, allant ſimplement le pas, & ce deux ou trois fois, à fin qu'il ait plus de commodité de les conſiderer auec leurs armes, & reconnoiſſant qu'il ne s'en allarme point ou bien peu, lors à quelque bout qu'il ſe trouue il le portera au trot iuſques au premier qui ne luy fera voir, ny ouyr que le feu de la poudre, qui ſera dans le baſſinet de ſon mouſquet auec le bout du ſerpentin, puis il le pouſſera iuſques au bout de ſa carriere au galop, le long de laquelle les autres feront vne ſalue ſans y rien épargner, & ſelon qu'il en receura le bruit il le gouuernera au parer & au retour, de ſorte que s'il s'en effraye par trop il l'appaiſera, le pourmenant le plus amiablement qu'il pourra de l'vn à l'autre, qui luy preſenteront quelque friandiſe pour mieux le repatrier, ſans plus tirer qu'il ne l'ait auparauant bien aſſeuré, & arriuant, qu'il face tellement ſon profit de tant de careſſes, qu'il quitte toute, ou la plus grande partie de ſon apprehenſion en ſa ſeconde courſe, il le remenera encore vne fois à chacun d'eux, receuoir les ſemblables faueurs, pour éprouuer par vne derniere carriere la reſolution de ſon courage, apres laquelle il luy témoignera ſon contentement en le flattant, & le faiſant careſſer par ſes mouſquetaires, qui feront tréue de batterie enſemble pour ce iour là.

Et en cas qu'il ne s'en ſoit point épouuanté, il ſe contentera de le flatter luy ſeul, apres l'auoir remis ſur la piſte de la carriere, attendant qu'ils ayent rechargé pour luy en faire eſſuyer encore autant, lors qu'il le pouſſera à toute bride iuſques à l'autre bout, où l'ayant changé de main & remis droit pour faire vne troiſiéme courſe, & fort careſſé comme deuant, il la luy fera fournir ſelon qu'il luy ſentira de force & de vigueur, ſe ſouuenant de commencer touſiours à l'aider de la main pour ſe retenir dés auſſi-toſt qu'il aura paſſé le dernier, à fin de ſe volter plus gaillardement & auec moins de déplaiſir ; & cela fait il le menera démonter à l'écurie, faiſant marcher quatre de ces hommes deux à deux deuant luy, & les deux autres à ſes coſtez, à fin de l'accouſtumer au bruit des armes, & à les voir ſans s'en effrayer, & apres l'auoir démonté s'il eſt trop en eau, il le pourmenera quelque peu en le careſſant, pour aſſeurance de ſon amitié, & le viſitera deux ou trois fois ce iour là en ſon écurie auec ſa cuiraſſe & ſes braſſals, pour luy rafreſchir la memoire des effets de ſon courage & de ſon obeïſſance.

Pour derniere leçon, les meſmes mouſquetaires ſe retrouueront au meſme lieu, mais tellement ordonnez que trois facent vne file d'vn coſté de la place, & les trois autres vne autre de l'autre part, & que le Caualier puiſſe paſſer auec ſon cheual tout au trauers ſans qu'il en puiſſe receuoir autre incommodité, que celle que le feu, la fumée, & le bruit luy pourront produire ; à ſçauoir la premiere fois au pas pour y voir le feu, & la fumée des mouſquets ſimplement, & les trois autres au galop, ſelon le merite de ſes forces, de ſa vigueur, & de ſon aleine auec les meſmes aydes & careſſes, tant au partir qu'à l'arreſt que celles que i'ay deſia aſſez repetées, tant de la main de la bride, & de la jambe, que de la voix, & de la gaule.

Ces trois courſes de galop rigoureuſement & hardiment parfournies, le Caualier le retiendra droit, & ſous vn bon appuy au bout de la carriere, où ils l'iront trouuer deux à deux & à huit pas pres de luy, chacun tirera ſon coup, comme s'il alloit à l'écarmouche & puis ſe retireront pour faire place aux deux autres, qui les ſuyuront dés auſſi toſt qu'ils auront mis au vent leurs mouſquets, à fin que les deux derniers ayants fait le ſemblable, ils commencent à marcher en rang deuant luy pour le remener à l'écurie, où tous les vns apres les autres luy feront force careſſes, & le Caualier bien penſer.

De là en auant, ſi le Caualier eſt en lieu où il y ait garniſon, il ne manquera pas de ſe trouuer à

uer à l'heure qu'vne garde releue l'autre , & de les luy faire fuyure tant en y allant qu'en en
fortant, à fin de l'habituer auffi bien au fon des tambours , & des fifres, qu'au bruit des armes ; & affiftera à toutes les monftres qui s'y feront en fe pourmenant tantoft à la tefte, tantoft à la queuë, & tantoft fur les aifles, fans s'ingerer de paffer parmy les rangs, d'autant qu'elle
ne fe fait pas à fon occafion.

  Mais s'il eft en lieu de paix, où il ne fe face autre bruit qu'à coups de marteaux fur l'enclume,
ou fur les poiles, & chauderons, ou de mailloches fur les tonneaux, il le menera fouuent pourmener par les ruës, où les artifans de tels meftiers paffent leur temps ; & de quinze en quinze
iours il mettra à la campagne quelque nõbre de bons compagnons, qui luy puiffent donner
le plaifir de fe laiffer cõduire par quelque fien amy qui fçache les mettre en bel ordre, & leur
commander de tirer felon qu'il en voira l'occafion, & que le cheual luy en donnera de fujet
par fes deportemens, qui en telles parties doit eftre bardé, & le Caualier armé pour iouër au
plus feur, & qui luy aura fait reconnoiftre ce harnois de combat deux ou trois iours auparauant, en l'en tenant couuert quelques heures du iour attaché au pilier, & en le pourmenant
quelque autre paifiblement felon la commodité du lieu où il fe trouuera ; d'autant qu'il eft
tres-certain que s'il le penfoit mener dés la premiere fois qu'il fe voiroit armé à la campagne,
pour donner dedans vne compagnie d'infanterie fans eftre accompagné de Caualerie, qu'il
s'en allarmeroit fi fort qu'il n'auroit force que pour s'acculer, ou s'en fuïr, au lieu de partir de
la main & d'aller à la charge.

Pour faire reconnoiftre au cheual vne compagnie d'infanterie en ordre de bataille, & l'affeurer à toutes fortes d'armes entremeflées.

TITRE XIV.

L me femble auoir affez clairement reprefenté les moyens d'affeurer le cheual à chaque inftrument de guerre, chacun en fon particulier, refte maintenant à les luy faire voir en gros & en ordre de bataille, à fin que quand il fera queftion de s'en feruir tout à bon efcient, le Caualier l'ait tout fait, &
obeïffant à tout ce qu'il en defirera, qui pour cette caufe doit mettre fous la
conduite de quelqu'vn qui fçache bien ordonner vne compagnie, autant
d'arquebuziers, moufquetaires, piquiers, & halebardiers qu'il en pourra trouuer à fa deuotiõ,
& qui veuillent faire ce qui leur fera commandé, par ce, quelqu'vn qui aura efté, ou qui fera
Capitaine en guerre, qui les difpofera à la campagne à faire les exercices, tout ainfi que s'ils
auoyent à combattre quelque ennemy.

  Or cependant que les fergens mettront cefte compagnie en bon ordre, le Caualier pourmenera fon cheual, tantoft à la tefte, tantoft fur les flancs, & tantoft à la queuë d'icelle, & l'arreftera fouuent pres des fifres & tambours, le flattant de fois à autre, à fin de luy ofter tout fujet d'apprehender vne fi grande trouppe: Et s'il auoit efté difficile à fe refoudre d'affaillir le petit nombre qu'il luy doit auoir auparauant bien fait reconnoiftre & méprifer, il feroit bon
qu'il fe fift accompagner de fix autres bien aguerris pour cette premiere fois ; mais tellement
difpofez, que l'vn fe pourmenaft d'vne aifle à l'autre ; & que tandis qu'vn autre fe tiendroit
paifiblement pres des fiffres & tambours, que les autres paffegeaffent d'vn cofté & d'autre, &
qu'il le portaft de l'vn à l'autre, à fin d'en tirer affeurance.

Et lors qu'il verra que ce Capitaine fera marcher fa compagnie en belle ordonnance, il fe retirera fur l'vn des flancs pour la luy faire fuyure felon qu'elle fe comportera;& faifant alte,il vifitera les rangs les vns apres les autres, prenant bien garde qu'il n'y reçoiue quelque deplaifir,& puis prendra place apres l'Enfeigne, pour l'accouftumer à n'en redouter la couleur ny le mouuement,non plus que l'ombre,& la fuyura lors qu'elle marchera,conduite du Capitaine, & de deux de ces Caualiers qui feront l'auant-garde,deux autres defquels fe tiendront fur les flancs,& les deux autres à l'arriere-garde.

Apres auoir ainfi marché quelque temps,dés qu'elle fera alte,pour la deuxiefme fois,il l'en retirera,& s'ira ioindre aux deux premiers Caualiers,qui puis apres fe ferót faire large, paffans tous trois tout au trauers d'icelle, au grand trot, & iront changer de main à vingt pas par delà la queuë,d'où partans, ils prendront le petit galop tout le long du flanc droit, tourneront au bout de l'aifle droitte,pour tirer vne paffade à la tefte d'icelle,voltans à l'aifle gauche pour en coftoyer le flanc,& reprendre la queuë,à fin de r'entter dedans pour aller tourner vifage, & tenir tefte à vingt pas du Capitaine, qui lors enuoyera fes arquebuziers & moufquetaires trois à trois, ou quatre à quatre (felon qu'il aura de foldats) à l'efcarmouche, que le Caualier pourfuyura iufques à huiĉt ou dix pas du gros,puis fe retirant vers les autres, chacun à leur tour les repouffera,partans quelquesfois tous trois enfemble, mais fe retirans differemment,à fçauoir ceux qu'il aura à fes coftez à droitte ligne,& luy paffegeant en biffe,à fin qu'il fouftiene toutes les charges qui s'y feront.

Ces arquebuzades, & moufquetades effuyées, il luy fera prendre aleine fur le lieu de fa retraitte auec les autres, iufques à ce que la moitié de la compagnie tirera en gros, à fin de leur donner fujet de ferpeger d'vne aifle à l'autre, au bout de l'vne defquelles il le pouffera promptement tout le long du flanc où il fe trouuera, iufques à la queuë, à vingt pas de laquelle il ira faire fa retraitte, où l'iront trouuer les deux autres feignans de fe rallier; mais il faudra que les deux Caualiers qui auront fuiuy la compagnie fe portent à la tefte dés auffi toft qu'ils l'apperceuront galoppant à fa retraitte, & que le Capitaine s'y trouue aufsi pour y faire faire vne bonne efcopeterie, durant laquelle il fera les plus belles & braues paffades qu'il pourra, puis l'ayant affez trauaillé il fe retirera pres des autres, tant pour luy faire prendre air, que pour donner loifir au Capitaine de diuifer fa compagnie en trois ou quatre bataillons ; Et les voyant bien dreffez il les ira faire reconnoiftre à fon cheual les vns apres les autres, & comme il y voudra retourner,chacun d'eux luy fera vne falue de fes armes, à laquelle il fe portera preftement de l'vne à l'autre, & puis fe retirera pres des autres Caualiers, qui attendront fon retour de pied coy, pour s'aller rendre tous trois aupres de l'Enfeigne, apres auoir repris fon aleine, à fin de la fuyure au milieu d'eux iufques où il voudra mettre pied à terre pour faire fin à l'exercice; où arriué qu'il fera, chaque rang ira prendre congé de luy qui s'y tiendra coy, iufques à ce que tous s'en foyent ainfi feparez pour luy permettre de le démonter, & de luy faire faire bon traittement.

TRAITE'

TRAICTE
DES AIRS ET MANEGES
RELEVEZ

TITRE I.

TOVS cheuaux ne sont pas propres aux airs releuez, & partant y va-il beaucoup de jugement & d'experience pour reconnoistre ceux qui outre leur inclination auront assez de force pour y bien reüssir; car encore que tous soient nez pour le seruice de l'homme, si est-ce toutesfois, que la gentilesse des vns merite plus de respect que la force des autres;& pour le témoigner,nous en voyons qui sont de courage & d'action si releuez, qu'ils ne respirent que la campagne & la carriere, & d'autres, qui bien qu'ils soient assez bien formez, & de bonne taille, pour l'vsage du Caualier,se sentent toutesfois plus honorez du bast que de la selle, tant ils sont insensibles & peu adroits de leurs membres.

Et d'autant que de ceux qui ont le cœur noble, & la volonté portée à quelque bel air & manege, il s'en trouue qui fourniront parfaittement à tout ce qui est necessaire pour rendre combat, qui ne voudront toutesfois reconnoistre ny mezair ny caprioles; & d'autres qui se feront aymer & admirer sur les sauts & balotades, qui ne se pourront iamais determiner au manege de guerre; c'est en leur endroit que le Caualerice se peut monstrer capable de sa profession,en donnant l'air à chacun selon que naturellement il y sera disposé,outre la peine & le trauail qu'il s'épargnera, attendu que le cheual est demy dressé qui se trouue recherché & porté à l'air de son humeur & inclination.

Car encore que le bon Caualerice puisse auec le temps, la patience, & la prattique de sa science,faire reüssir vn cheual aux caprioles,qui neantmoins n'y aura point de naturel, & determiner terre à terre celuy qui ne demadera qu'à sauter;si est-ce qu'on remarquera tousiours en l'action de l'vn & de l'autre quelque mouuement de si mauuaise grace, qu'il sera bien aysé de découurir qu'il y aura plus de contrainte & d'artifice en leurs maneges, que d'inclination & bonne volonté qu'ils y ayent,qui fait,que pour tant bien dressez qu'ils y puissent estre,qu'il faut neantmoins qu'il les y exerce continuellement,& de iour en iour,sur peine de se voir tousiours à recommencer quand il les aura laissez sejourner seulement huict iours sans leur rien demander; parce que ne se pouuans imprimer en la memoire vne chose du tout contraire à leur naturel, ils ne pensent qu'à trouuer moyen d'en fuir l'exercice, & leur fantasie leur fournit de tant de diuerses occasions de s'y opposer, qu'on les y voit souuent si fort opiniastrer, que qui les voudroit violenter pour les y faire ceder pour lors, qu'ils seroient en danger d'en mourir, ou du moins de s'y rebuter tout à fait; parce que comme l'exercice qui correspond à la complexion, & aux forces du cheual, l'embellit, & le maintient en santé & bonne disposition,

tion estant discrettement effectué, ainsi par consequence contraire celuy qu'on luy donne contre son cœur & sa volonté, le foule, le rebute, & luy cause tant d'infirmitez, qu'il est en fin proforcé de tomber sur les dents, & de demeurer perpetuellement sur la littiere, & entre les mains des maréchaux pour se refaire.

Et quand le Caualier en rencontra quelques-vns qui se porteront naturellement aux airs gaillards, sans beaucoup d'ayde & de peine, il les aura en telle recommandation, qu'il vsera continuellement plustost de douceur que de seueres chatimés enuers eux, pour quelque faute qu'ils puissent faire en leurs maneges, à cause qu'ils sont d'autant plus faciles à rebuter, qu'ils y ont d'inclination, qui ne procede que d'vne certaine gaillardise, ennemye de seuerité, qui les étonne tellement quand ils en ressentent les effets à chaque desordre qu'ils font, qu'ils n'y peuuent consentir, & qu'ils prenent en fin les plus doux chatimens, mesme pour vne peine insupportable, qui fait que ces esprits si gentils & sensibles, ne se peuuent assubjettir à la iustesse des airs releuez, qu'auec le temps, la patience, & la science bien prattiquée.

Quant au nombre des airs gaillards & releuez, on en prattique auiourd'huy quatre, en France & en Italie, sçauoir est, le pas, & le saut, qui est le plus ancien de tous, à l'imitation de celuy du cheureul, les courbettes, le dernier inuenté, & qui trauaille moins le cheual, les balotades, ou groupades, & les caprioles, qu'on appelloit anciennement sauts de ferme à ferme, parce qu'elles se font en vn mesme lieu sans changer de place.

Quels cheuaux on peut mettre à l'air des courbettes, balotades, & caprioles.

TITRE II.

DE toutes les impatiences & inquietudes qui partroublent naturellement l'esprit du cheual, celle qu'il tient d'vne colere excessiue, & d'vne humeur fiere & superbe, ou celle qu'il reçoit de quelque apprehension, sont celles qui le peuuent plustost empecher de conceuoir le temps, l'ordre, & la mesure de toute sorte d'airs hauts & gaillards, d'aurât que comme la colere le transporte si loin hors de l'attrempence de son sens commun, qu'il ne peut receuoir paisiblement aucune demonstration qui luy puisse faire prendre quelque impression de telles leçons; de mesme aussi la crainte qu'il s'imagine d'y estre mal traitté, l'épouuante tellement, qu'il employe toutes ses forces & son esprit à s'en defendre, & à mettre le Caualier en confusion par ses desordres, aymant mieux s'auilir & se desesperer, que de prendre le ton & la cadance d'aucunes regles qu'il luy vueille faire prattiquer, ou par patience, aydes, & facilité, ou par la seuerité vsitée és bonnes écolles.

De sorte, que pour preuenir tout ce qui pourroit détruire la memoire des cheuaux, subjets à ces imperfections, & par consequent les rendre inutiles à la carriere ; l'art & la prudence luy doiuent seruir de moyen legitime pour s'en preualoir en toutes occurrences, sans en precipiter les effets, pour quelque apparence de bonne volonté qu'il voye en quelques-vns de leurs deportemens, de peur que par ces aydes, mal receus toutesfois, ils ne tombassent iustement au plus grand vice que telles complexions leur puissent departir.

Et quoy que les cheuaux de ces deux differentes humeurs soient extremement difficiles à reduire à la perfection de quelque bel air, si est-ce que ceux qui sont coleres, sanguins & superbes, se rendent plustost, & plus facilement au poinct de la raison, pourueu qu'ils ne manquent de forces ny de memoire, que ceux qui sont naturellement melancholiques, lâches &

vitieux,

vitieux: d'autant qu'auec la patience & la prattique de la bonne école, on peut auec le temps abattre & furmonter la colere des fuperbes & impatiens, & leur faire reconnoiftre les defauts de leur inclination; là où apres auoir employé tout ce qui eft de l'art & de la difcretion, on le trouue toufiours à recómencer auec ceux qui font timides & craintifs, parce qu'ils ont le cœur fi couuert, qu'il eft prefque impoffible de découurir leurs mauuaifes volontez; ce qui fe peut voir clairement en tant qu'ils ne font rien que par force, rufe, & malice couuerte, qui eft caufe que fi le Caualier veut auoir fa raifon de leurs mefchans deffeins, par la violence des chaftimens qu'ils fe foulent, ou fe rebuttent facilement, & s'il les veut épargner, il les éprouue tout auffi-toft, & de plus en plus obftinez en leurs peruerfes refolutions.

Or le Caualerice bien fondé en fon Art, voulant mettre quelque cheual fur l'air des courbettes, croupades, ou caprioles, ne fe contentera-pas feulement de luy voir affez de legereffe, de gaillardife, & de bonne volonté, pour luy en donner le commencement; mais auant que de paffer plus outre que cinq ou fix pefades à l'arreft, il reconnoiftra curieufement la qualité & la portée de fes pieds, attendu que ce font les bafes fur lefquelles il doit edifier fes airs releuez; de maniere que s'il s'apperçoit que le cheual les ait mauuais, foibles, & douloureux, il s'abftiendra de le determiner autrement que terre à terre, d'autant que la douleur qu'il receuroit en retombant allant par haut, l'étonneroit fi fort, qu'elle luy en partroubleroit mefmement le cerueau de telle forte, qu'il en auroit toufiours la tefte en defordre, & s'en trouueroit fi confus, qu'il ne s'y pourroit iamais refoudre, quoy qu'il luy peuft faire pour le luy faire bien reiiffir, ainfi que pourra iuger celuy qui en defirant faire l'experience, voudra prendre la peine de fauter de deffus vne table, ou quelque autre chofe vn peu éleuée en bas fermement fur fes pieds, où dés auffi-toft qu'il fe trouuera, il reffentira que la force de la cheute luy montera fort fenfiblement dans la tefte, & qu'il fera contraint d'en fermer tout à fait, ou pour le moins tellement les yeux, qu'en ce moment il ne pourra difcerner le blanc d'auec le noir, qui eft vn figne manifefte de foibleffe de iambes, qui fe peut reconnoiftre en toute forte de cheuaux, lors que trottans ou galoppans fur quelque terrain qui foit dur, ou fur le paué, ils vont branlans la tefte, & ioüans de la queuë à tous les coups qu'ils le battent des pieds.

Il s'abftiendra tout à faict de les prefenter au cheual fingard, d'autant que ne cherchant naturellement qu'à s'acculer, qu'il s'y feroit fi entier, qu'il n'y auroit-pas moyen de le mener par le droit, ny de le mettre fur les voltes, ny au pas, ny au trot, & encore moins au galop, apres qu'il auroit vne fois goufté cét air qui luy faciliteroit le moyen de fe retenir ferme en vne place pour fe defendre de la volonté du Caualier, au lieu de partir determinément & vigoureufement de la main: car puifque pour diuertir le cheual ramingue & retif d'effectuer fes deffeins coleriques & malicieux, il le faut trauailler tantoft en vn lieu, & tantoft en vn autre, & luy donner des courfes plus longues & fougueufes, que courtes & limitées; il s'enfuit donc que les courbettes font en tout & par tout tellement conuenables à fon vice, qu'on ne luy fçauroit donner quelque leçon plus propre à le luy inueterer, à caufe que les courbettes fe font par vne action fubjette & retenuë, & par vn ordre & mefure iuftement battuë & limitée.

Et d'autant que les inquietudes & impatiences font ordinairement perdre la memoire & l'obeïffance au cheual colere aduft, fougueux, & fenfible, & que toutesfois ce font les principales parties qui doiuent accompagner la volonté & les forces du cheual qu'on veut dreffer à la carriere, & aux airs releuez & reigles, fon vray faict fera la campagne, à caufe que la fubjection des courbettes & des fauts accroit couftumierement la colere du cheual impatient, qui fait, qu'au lieu d'en prendre l'air & la cadance qu'il trepigne perpetuellement, de rage & de dépit qu'il a de fe voir retenu contre fon gré fur vne iufteffe fi foigneufement gardée, que doit eftre celle des airs gaillards & releuez, qui eft vn vice fi difficile à corriger, qu'il fert comme d'vne pierre de touche pour reconnoiftre au vray la fcience, la prattique, & l'experience du Caualier, parce que de toutes les imperfections les plus incorrigibles, le trepignement que le

P

cheual fait d'ardeur & de colere eft fi impetueux,qu'il n'y peut qu'à grand peine appliquer les bons remedes de l'art ; ce qui me fait tenir le party de ceux qui ne veulent receuoir ces trepignemens pour courbettes rabattues , puifque ne procedant que d'vn courage ennemy de la perfection d'vn air preftement rabattu, qu'il eft impoffible qu'en la confufion de fes efprits il ait la patience & la volonté d'obeïr au temps & à la mefure requife à la nette & iufte battuë de telles courbettes,laquelle ne dépend-pas de la preftefle & diligence que le cheual employe à rabattre fes pieds de deuant en terre dés auffi-toft qu'il les a éleuez en l'air, mais de ceux de derriere qui doiuent legerement & promptement accompagner ceux de deuant, pour parfaire la iufte cadance des airs gayement rabattus; à quoy ne peut répondre le cheual tant & fi longuement qu'il fera maiftrisé de la colere,dont les effets font directement contraires à ceux qui fe commencent, pourfuyuent, & fe paracheuent par vn ordre bien compafsé , par vne bonne memoire des aydes bien receux,& par vne perpetuelle obeïffance.

Et pour faire fin, ie dis que les courbettes fe peuuent donner aux cheuaux, qui ayans bons pieds, bonne memoire, & affez d'obeïffance,s'appuyeront fort fur la main,à fin de leur affeurer la tefte , & faire la bouche, qui eft le premier membre qui en reçoit le temps, & qui doit obeïr à l'ayde que le Caualier luy en prefente;luy allegerir le deuant,attendu que le cheual ne fe peut fouftenir en l'air qu'en fe ramenant fur les hanches, & fe tenant ferme fur les jarrets, qui eft vn vray moyen de luy foulager les mains & les épaules quand il vient au parer, fur lefquelles il s'abandonneroit s'il n'en eftoit empefché, par l'appuy de la main & de la bride, par l'action defquelles il vnit fes forces pour fe retenir droit & ferme fur le derriere.

Comme il faut releuer le cheual , & luy faire faire les pefades.

TITRE III.

APRES que le fage Caualerice aura affubjetti fon cheual à l'ayde & au châtiment de l'éperon,tant par le droit que fur les voltes,& allant fur les hanches tant au trot qu'au galop, qui par fa vertu appaife les cheuaux fougueux & impatiens, affermit ceux qui manquent d'appuy;& qui eftant court & foutenu de la bonne main, redreffe & releue les pefans & abandonnez, il faut qu'il l'allegeriffe du deuant, commençant à luy monftrer à faire les pefades par les moyens les plus conuenables à fon naturel, & à fes forces, que faire fe pourra , parce qu'elles ouurent le chemin à tous airs releuez.

Et d'autant que d'ordinaire on fe fert des Calates, comme i'ay defia dit ailleurs, pour les leur apprendre, & qu'il y a des cheuaux qui en font ennemis, & partant qu'il importe fort de connoiftre ceux qui s'y doiuent mettre fans preiudice de leurs forces, & s'y peuuent retenir fans que le Caualier coure rifque de fa perfonne ; ie l'auife qu'on tient communément que ceux qui font pareffeux, lâches, & pefans, s'y pourront allegerir, en ayant autant de refpect à leur ieuneffe qu'à la foibleffe tant de leurs efprits que de leurs corps , felon lefquelles il les leur faudra donner, ou gaillardes, ou douces, & faciles,les y trauaillant difcrettement,& les en retirant auec plaifir, pour les y reporter en autres lieux au pas & au trot,fans les arrefter.

On les pourra auffi faire prattiquer aux cheuaux, qui ne fouffriront-pas d'eftre releuez de ferme à ferme , & qui pour fuïr les pefades s'en iront confufément çà & là; mais elles doiuent eftre proportionnées à leurs forces & courage, parce qu'vn cheual impatient, colere, fenfible, & vigoureux, les veut longues & larges, & non courtes & étroittes, efquelles il ne fe tiendra

qu'à

qu'à contre-cœur, & en tachant d'offenfer fon Caualier pour fe voir fi refferré, & fa liberté fi condemnée:& s'il eft foible, tant plus il le luy trauaillera, penfant le luy affeurer auec plus de patience,& luy accroiftre l'aleine,il connoiftra à la fin, que tant plus il s'y auilira & s'y deplaira tant qu'il s'y rebuttera.

Elles feront pareillement propres aux cheuaux d'efprit vif & legers, qu'on y doit porter feulement au petit pas, les y tentant fimplement de la voix, du gras de la jambe,rarement de l'éperon, & quelquesfois en leur donnant du bout de la gaule fur les bras, s'y comportant au refte fort doucement,de peur de les mettre en fougue & en fuite.

Il y faut pouffer le cheual ramingue & retif au galop,& de temps en temps,fans en faire vn ordinaire, le hauffant, & le chaffant gaillardement, ou du gras des iambes, ou des talons, ou de la gaule,ou de tous à la fois,l'animant à paffer outre auec tout cela plaifamment de la voix, felon la neceffité qu'il en aura,qui fait peu de mal à la verité,mais beaucoup d'effect en temps & lieu, & bien à propos employée, continuant fans intermiffion iufques à ce qu'il fe reduife à raifon, & ayant bien fait,il le faudra conduire vn peu plus auant en le careffant,à fin qu'ayant cependant repris fon aleine, on puiffe l'obliger derechef à fe leuer, pour reconnoiftre s'il perfiftera en fa premiere & mauuaife volonté, ou s'il fe foumettra tout à fait à l'obeïffance,& felon l'vn & l'autre de fes effets,le faudra-il gouuerner feuerement, c'eft à fçauoir, s'il s'y veut aculer,& paifiblement, s'il fait quelques bonnes pefades fans conteftation.

Et d'autant qu'il fe trouue des cheuaux qui ne s'auancent pas feulement en fe hauffans, & marchans fur les pieds de derriere, mais qui s'élancent furieufement, forçant la main du Caualier, il faut pour éuiter tout inconuenient, qu'il fe face ayder par quelqu'vn bien entendu, qui tiene l'vne des cordes du caueffon, tant pour l'empécher de s'en defendre, que pour le retenir de peur qu'il ne l'emporte, & qu'à mefure qu'il le hauffera, qui le fçache ayder de la gaule,en luy en donnant fur les bras, & le faire reculer felon qu'il fe voudra licentieufement auancer; moyen fort propre pour le corriger de fon vice, & le rendre obeïffant à la raifon.

Il y en a encore d'autres de fi mauuais naturel qu'ils fe cabrent,pour fuir l'école,fi haut que le Caualier eft toufiours en peril fur eux, & qui ne peut les reduire feul, ny fans l'aide de deux bons ouuriers,qui tiennent l'vn d'vn cofté, & l'autre de l'autre les deux cordes du caueffon, à fin de les foutenir mediocremét leuez,ou de les remettre tout à fait à terre s'ils outrepaffent la mediocrité; car quand à la bride, il faut par neceffité qu'il la leur laiffe tomber fur le col, dés auffi-toft qu'ils fe leueront pour fe cabrer, à fin que n'eftans point foutenus de la main, ils ne fe puiffent pas facilement renuerfer, fi ce n'eft de méchanceté, & que reprenans terre, ils puiffent plus ayfement aller auant.

Or de peur que quelqu'vn fe perfuade de mettre bien-toft vn cheual aux balotades, & caprioles,pour luy voir fournir quelques couppades, entrecouppées, faifant les pefades, il faut qu'il fçache qu'il fait pluftoft telles gaillardifes pour s'en defendre du tout, que pour force ny volonté qu'il ait d'aller par haut; & que celuy qui fonde fur cette feule apparence d'inclination y voudra mettre les cheuaux, qu'il les aura d'autant pluftoft plantez fur les dents, que plus il les contraindra de tire & eparer.

P 2

Des courbettes, & comme il y faut mettre le cheual.

TITRE IIII.

E tous les airs gaillards, le moins penible & violent, c'eſt celuy des corbettes, tenant vne iuſte mediocrité en tous les temps de ſa perfeƈtion : car comme on peut remarquer en l'aƈtion de la main, & de la iambe, auſſi bien qu'en celle de la gaule, il ne s'y voit rien de nouueau que le cheual n'ait auparauant éprouué, conſideré que pour le rendre facile & iuſte au parer, il luy a fallu faire prendre vn bon appuy, tant de la main, que de la bride, & que pour le releuer du deuant aux calates, il a eſté neceſſaire de le ramener & ſouſtenir ferme ſur les hanches ; & que pour l'auancer, le faire reculer & parer, il a appris à prendre l'aide de la main, à ceder à la bride, & à obeyr à la iambe ; ſi bien qu'il ne luy reſte rien à comprendre qu'vn doux reiglement, par le moyen duquel il puiſſe ſans confuſion & torment, conuertir ces peſades en courbettes, qui different ſeulement les vnes des autres, en ce que les peſades ſe font lentement & fort releuées, & quaſi en vne meſme place, tant le cheual les accompagne peu du derriere ; là où les courbettes ſont plus baſſes du deuant à la verité, mais diligemment battuës, preſtement auancées & pourſuyuies de la crouppe ferme, & bien appuyée ſur les iarets qu'il tient fort tendus, portant également les iambes de derriere au ton, & à la vraye meſure d'icelles, ſans que l'vne ou l'autre retarde, ou auance par quelque inegal mouuement la iuſte cadance de celles de deuant.

De ſorte que quand le Caualerice aura bien aſſeuré la teſte, & la bouche de ſon cheual à l'appuy de la main, & de l'emboucheure, & rendu auſſi obeïſſant aux châtimens qu'aux aydes de la iambe, & de la gaule, s'il eſt plaiſant & leger à la main, il le menera paiſiblement tantoſt en vn lieu, & tantoſt en vn autre bien vny & applany, où il le conuiera ſans l'arreſter à ſe hauſſer en le leuant & ſouſtenant de la main, ſelon la capacité de ſa bouche, l'animant gaillardement de la voix, l'aydant du gras de la iambe, & l'auertiſſant du bout de la gaule, en luy en donnant à temps ſur les épaules, mais ſi diſcrettement que le ſifflement & le coup luy donnent plus d'alegreſſe, qu'il n'en puiſſe receuoir d'étonnement & de mal, de peur qu'en cette retenuë, qui n'eſt qu'vne parade plus auertie & curieuſement recherchée que l'ordinaire, pour le retenir plus attentif à faire tout à fait la peſade, & à commencer à conceuoir le temps de la courbette, il ne s'en miſt tellement en confuſion, qu'il ny vouluſt entendre ny conſentir : & s'il vient à ſe hauſſer par ce moyen droit de teſte, de col, & de corps, ou comment qui les ait pour la premiere fois, il le flattera, pour luy témoigner que c'eſt ce qu'il recherche de luy ; & puis continuant ſon pas, ou ſon trot, ſelon qu'il l'aura diſpoſé, apres quelque eſpace de temps, il luy preſentera les meſmes aydes pour le hauſſer deux ou trois fois, & luy fera careſſe ſelon qu'il luy aura répondu, & apres que par cette reigle il luy aura obey au pas, & au trot, il l'entreprendra au petit galop, ayant touſiours reſpeƈt à ſa bouche auſſi bien qu'à ſon bon naturel.

Mais il eſt naturellement ſi colere, impatient, ſenſible, & terragnol, qu'il trepigne au lieu de ſe leuer, & ſe defend des aydes en s'acculant, ou ſe iettant à cartier à deſſein de faire pis ; pour vaincre ſa colere & le releuer d'inquietudes, il le faudra chaſſer auant, & le changer de place au trot, ou au galop, ſelon qu'il s'opiniaſtrera, & ſe retiendra de peur de luy accroiſtre ſa malice ; ioint que tout commencement d'air, & de manege doit eſtre plus doux, que

ſeuere,

feuere, & qu'il faut toufiours tenter la voye de la douceur, auant que de prendre celle de la rigueur : Et fi apres l'auoir doucement conuié à fe hauffer, il perfeueroit obftinément en fa defence, il faudroit tácher de la luy ofter à bons coups de gaule, ou de nerf, & d'éperons, en luy prefentant toutesfois continuellement le temps de la main, & l'en folicitant iufques à ce qu'il euft leué le deuant, bien ou mal, pourueu, que ce ne fuft point en s'acculant, pour mieux effectuer quelque fougue vindicatiue ; car il faudroit alors pour accortement preuenir tout ce qu'il voudroit, & pourroit faire pour fuyr l'obeïffance, le chaffer pluftoft auant que de fe proforcer à le hauffer, & puis reuenir aux aydes, & aux chátimens de lieu en lieu, iufques à ce qu'il euft tout au moins fait vne pefade, apres laquelle il conuient luy rendre la main, & s'en contenter pour luy faire reconnoiftre par careffes, en luy faifant donner de l'herbe, ou quelque friandife, qu'il n'y a eu que fa colere & fon opiniaftreté qui luy ayent fait fouffrir la peine qu'il aura endurée.

Que s'il eft chargé du deuant, & pefant à la main, foit que le Caualier le tiene au pas, ou au trot, il le parera deuant que de le hauffer, & felon qu'il aura l'appuy dur ou leger, il le hauffera, ou le fera reculer deux ou trois pas ; comme par exemple s'il le fent à l'arreft libre, & iufte de tefte, & de col, il luy prefentera le temps de la main pour le leuer, auec l'aide & l'auertiffement de la gaule, & des iambes ; mais au contraire s'il s'eft fort abandonné fur les épaules venant au parer, au lieu de s'allegerir à l'appuy de la main, lors il le fera reculer trois ou quatre pas, & le reportera fur le lieu de fon faux arreft, tant, à fin de l'affeurer à l'appuy de la bouche, que pour luy donner le moyen d'aiancer & difpofer fes pieds de derriere, pour fouftenir le deuant en l'air, le trauaillant fpecialement en lieu égal, & bien vny : Mais s'il forçoit le bras tirant ou pefant tant à la main en ces lieux applanis, qu'il s'en defendift fi obftinément qu'il n'en peuft tirer, ny pefades, ny courbettes, lors il le mettra à la calate, à fin que par le panchant d'icelle il foit contraint de receuoir l'appuy de la main, pour fe hauffer & fe ramener fur les hanches, & fe fouftenir ferme & droit fur les iarets pour fuïr la rigueur de l'emboucheure, & à mefure qu'il l'affeurera & prendra le temps de la main, & de la iambe, il luy haftra, ferrera, & accourcira peu à peu, & auec le temps, & la patience, la mefure des pefades pour les luy faire conuertir en courbettes, gaillardement & iuftement battuës.

Or il faut fçauoir que fi dés que le cheual eft recherché de fe leuer, il fe hauffe fi promptement, & comme de luy méfme, qu'il femble par fa diligence vouloir conuier le Caualier à luy en hafter le temps de la main, pour rabattre plus preftement les battuës de fes courbettes, qu'il monftre par cette action precipitée, qu'il n'y a que la colere, & l'impatience qui le poffedent, & luy facent fournir fi brufquement à ce qu'il s'imagine qu'on luy demande pour mettre fin à fa leçon ; d'où on peut aifément coniecturer que la nature ne luy aura pas affez diftribué de force, pour fournir longuement, & plaifamment à la cadance de cét air, ainfi viuement rabattu, pluftoft par auanture, que par bonne volonté qu'il en ait ; ce qui luy fournira puis apres de fujet de trepigner, comme les forces viendront à manquer à fon courage, & mefmement de fe faire entier, lors que le Caualier luy voudra afiner le manege de fon air, & luy en faire redoubler les voltes : De forte que pour vaincre toutes ces impatiences, il faudra dés qu'on le mettra aux courbettes, le hauffer & le fouftenir fort en l'air, à fin de l'empécher de reprendre fi toft terre, pour fe rehauffer & fe maintenir entier en fa fougue, & pour luy donner le temps, & le moyen de s'affeurer les hanches, & la tefte, & de bien retrouffer fes bras ; parce qu'il eft tout certain que par cette retenuë longuement & difcrettement prattiquée, que le Caualier luy fera en fin tellement éuaporer les feux de fa colere, qu'il en quittera toutes fortes d'inquietudes, & qu'il le refoudra par ainfi plus facilement à fe ramener, & s'appuyer fur les hanches, & à fe retenir ferme fur les iarets, pour battre également & nettement la mefure de fon air, fans faire aucun faux mouuement de la tefte, & de la queuë, ainfi qu'on voit couftumierement faire aux cheuaux qui manient plus legerement du derriere, que du deuant, qui eft caufe qu'ils portent les bras droits pluftoft que bien pliez, & qui n'ont iamais la tefte, ny la croupe, ny la queuë bien affeurée, de maniere qu'il vaut beaucoup mieux qu'ils fe hauffent librement & fe retienent long temps le deuant éleué, & foutenu des hanches & des jarets; qu'ils rabattent le temps des courbettes fi diligemment, attendu qu'il eft fort facile de leur faire auancer la mefure de leurs battuës, là où il eft fort difficile de corriger ceux qui trepignent d'impatience & de colere.

ET parce que les courbettes ne font pas moins neceffaires au cheual qui en eft capable, qu'agreables au Caualier curieux de fe faire voir en bons lieux, ie ne pafferay pas fous filence quelques autres moyens fort faciles à y determiner les cheuaux qu'il preiugera y pouuoir reduire; fi bien que ayant à faire à vn cheual impatient, & toutesfois bien dégourdy du deuant, & obeïffant à la main, & au talon, ie me fuis fait fuyure allant par le droit, ou au pas, ou au trot, par deux hommes ftylez en cét affaire, l'vn tenant la corde du caueffon du cofté droit, & l'autre du cofté gauche; & marchans d'vn mefme pas, & auffi auancez vers la tefte de mon cheual, l'vn que l'autre, & tous deux fi attentifs à s'arrefter droits, & fermes dés la premiere fyllabe que ie preferois pour les en auertir, qu'il ne me reftoit qu'à luy prefenter l'aide, & le temps, pour l'auoir en l'air, ou du moins difpofé à faire quelque pefade, & felon qu'il me répondoit qui fçauoyent le careffer, ou m'accompagner en le faifant reculer ou auancer, & me trouuant en lieux où ie ne puis recouurer gens qui puiffent feconder mon deffein, fi c'eft à la campagne ie cherche deux arbres diftans l'vn de l'autre, de trois ou quatre pas, à chacun defquels i'attache les cordes du caueffon, que ie laiffe plus & moins longues qu'ils font gros, & que ie defire l'auancer, ou le reculer felon la neceffité, & monté que ie fuis ie le porte le plus doucement qu'il m'eft poffible iufques au lieu, où ie connois qu'il eft temps de l'arrefter deuant qu'il vienne à receuoir l'auertiffement des cordes du caueffon ainfi attachées à ces arbres, & le conuiant de la voix, & des aydes à fe hauffer, ie le retiens fans contrainte, de peur de luy donner apprehenfion par cette nouuelle fubjection, & felon l'humeur où ie le voy, ie l'auance fi difcrettement iufques au bout où fes cordes doiuent faire leur effet, qu'il n'en reçoit aucun mal que celuy qu'il fe pourchaffe, pour ne vouloir pas auffi toft ceder à ma main, que ie luy en prefente l'auertiffement; Et fi fon impatience & defobeïffance luy en font reffentir plus que fi ie les tenois moy-mefme en main; ce que ie peux reconnoiftre, ou quand il recule du coup de luy-mefme, ou quand apres iceluy il tache de me forcer la main, ou remuë & branfle la tefte, lors ie luy donne toute liberté, & quitte toute feuerité pour l'appaifer s'il s'en met en fougue, & puis le reprenant peu à peu dans la main, ie prens l'occafion de le releuer, ne me departant iamais de la patience, & felon qu'il fe rend ie me comporte enuers luy, & de forte que par cette prattique i'en viens facilement à bout auant mefme que de le démonter; ce qui m'a fait foufligner à la defence de ceux qui fe feruent en ville de piliers, au lieu d'arbres, pour en auoir éprouué en plufieurs endroits, & diuers fujets beaucoup de bons effets en toutes fortes d'airs & de maneges.

Or quand ie les employe pour reduire aux courbettes, le cheual qui s'abandonne trop fur le deuant, ou qui tire fort à la main, i'y arrefte les cordes du caueffon, à telle hauteur que ie voy qu'il doit porter la tefte, pour l'auoir en bon & beau lieu; & les tiens longues ou courtes felon qu'il eft pefant, & endormy, ou colere, ou gaillard, & lors que ie le porte la premiere fois au lieu où ie luy en veux faire fentir l'effet, ie l'en auertis de la main de la bride, pres ou loin felon qu'il m'y eft pefant, ou qu'il y tire; comme fi ie fens qu'il s'y abandonne trop, ou qu'il allonge fort le nez, ie ne l'en auertis point, ny ne l'en ayde que quand il eft preft d'en receuoir le coup, à fin de luy faire reconnoiftre par ce moyen, qu'il deuoit fe tenir preft d'obeïr à l'arreft dés auffi-toft que ie luy en prefente le temps: mais fi ie le fens affez libre & leger à l'appuy de la main, & de la bride, ie le conuie par toutes fortes d'aydes à s'arrefter, & fe leuer

à mefure

A TRES NOBLE ET TRES VALEVREVX CAVALIER
MONSIEVR IOACHIM DE WALDAW. &c.

à mefure qu'il s'en approche, pour luy témoigner que ce n'eft point mon deffein de luy en
faire receuoir aucun déplaifir, & en fin perfiftant en cét ordre auec prudence & patience, i'y
fais reüffir quelque cheual que i'entreprene, foit que i'y face monter quelqu'vn, pour plus
facilement luy faire retrouffer les bras, ou le châtier lors qu'il en iouë, ou les auance pour
preuue de fon déplaifir, & de fa mauuaife volonté, foit que tout feul fans autre fecours ie le
recherche de fournir tout ce qui eft requis à la perfection des courbettes.

Pour mettre le cheual fur les voltes redoublées, à l'air des courbettes.

TITRE V.

DE's que le Caualier aura reconneu que fon cheual luy fournira librement autant de courbettes par le droit, qu'il luy en faifoit entre les deux piliers fans fe
fouruoyer de la iufte battuë d'icelle, & qu'il le fentira difpofé à prendre toufiours toute forte d'aydes qu'il luy voudra donner, lors il fera temps qu'il le
mette aux voltes redoublées, & pour le luy introduire il luy fera conuertir toutes les courbettes qu'il luy a fait faire, premierement en vn pas auerty allant par le droit s'il
eft fougueux, & impatient de fa complexion, & en vn trot gay & releué, s'il eft naturellement lâche, pefant, & poltron, iufques à ce qu'il foit à vn ou deux pas pres d'où il luy voudra
faire prendre la demie volte des paffades, où il l'obligera à fournir pour le moins autant de
courbettes qu'il en faudra pour arriuer à commencer la demy' volte, & felon qu'il fera difpofé, tant de force que de volonté, il l'entretiendra en fon bon manege en tournant autant qu'il
y fournira librement; & quand mefmes il ne feroit que deux ou trois courbettes pour le plus
au commencement de la volte, il ne le contraindra pas pour tout cela d'en faire d'auantage,
mais au lieu d'icelles il la luy fera finir & ferrer au pas, ou au trot, felon qu'il l'aura commencée, à fin de ne luy donner point d'apprehenfion, ny le mettre en colere en ces premieres leçons; apres lefquelles ferrées, le Caualier le reportera à l'autre bout au mefme pas, ou trot, où
il le conuiera de finir le refte de la ligne de la paffade à courbettes, & d'y prendre la volte, ou
demye volte, l'aydant a y répondre tant qu'il pourra pour luy donner courage de faire vo-
lontairement dés ces premieres leçons, ce qu'il faudra qu'il face auec le temps, par beau, ou
par laid; & felon qu'il luy répondra il le careffera, ou le chaffera fort difcrettement auant
fans le facher aucunement; & continuera cette leçon iufques à ce qu'il fourniffe la demye
volte, & la ferré de mefme air iuftement, fe fouuenant de luy faire faire la paffade d'vn trot
égal, ferme, & refolu, fans luy en accourcir la longueur qu'il n'y foit bien aduit.

Et pour luy faire bien prendre la demye volte, il doit fçauoir, que s'il s'y veut de luy mefme trop élargir, qu'il la doit vn peu prendre plus étroitte, & affez large, s'il remarque qu'il fe
vueille ferrer, ou acculer; & voulant fermer la demye volte à main droitte, il tiendra la main
de la bride vn peu haute, fans toutesfois l'ébranler aucunement, & en tournant le poing vn
peu en dedans pour mieux & plus iuftement le remettre fur la droitte ligne, il luy ferrera au
mefme temps la iambe contraire pres l'épaule, & dés auffi-toft qu'il l'aura remis fur icelle iufte & droit, il luy fera faire autant de courbettes en auant, qu'il en aura fourny prenant la demye volte, le portant fi bien de deuant qu'il n'ait moyen de hafter les battuës droittes, non
plus que celles qu'il aura faites fur la demye volte, ny s'acculer, apres lefquelles il le fera partir
pour en aller faire autant à l'autre bout.

Que fi le cheual eft fi leger, & docile de fa nature qu'il prenne le temps de fon air releué,

dés

dés aussi-tost que le Caualier le luy presentera pour commencer la demye volte, & qu'il là
fournisse iustement & gayement au galop, & regardant tousiours la piste d'icelle, à fin d'empécher qu'il ne s'y serre, ou s'y face entier sans se haster, ny s'acculer, lors qu'il la serrera pour
se remettre sur la ligne droitte, il luy fera faire par le droit autant de courbettes que sa force,
& bonne volonté le permettront, le portant en auant, gardant tousiours vn mesme ton, &
mesure, à fin qu'il n'en haste, ny n'en allonge les battuës ; & à mesure qu'il s'y rendra facile,
il luy accourcira la longueur de la ligne, à fin qu'en peu de temps, & par vne distance bien
proportionnée à ses forces, il puisse faire toute la passade & les demyes voltes, à chaque bout
d'vn mesme air & manege.

Mais si auec cette legeresse il portoit la crouppe hors la volte, lors il se faudroit seruir d'vn
terrain panchant quelque peu du costé, qu'il doit prendre la demye volte, & le soûtenir de la
main, d'autant plus qu'il la iettera hors de la piste, & l'auancer en le serrant de la iambe contraire fermant la demye volte, ne se departant ny de cette pante de terroir, ny du port de la
main, ny de l'aide de la iambe, qu'à mesure qu'il s'aiustera & ira rondement de tous ses
membres.

Or pour luy faire fournir la volte entiere d'vn mesme air gayement releué, le Caualier luy
sentant assez de force pour y paruenir, & faisant bien les demyes tant sur vne main que sur
l'autre, il le mettra sur vn terroir bien applany, & employera toutes les courbettes qu'il luy
aura fait faire auparauant par le droit, à fournir l'autre demye volte, pour en auoir ainsi vne
entiere, laquelle iustement fermée, & selon qu'il aura l'appuy de la bouche, fort ou foible, il
le remettra sur la droitte ligne de la passade, sur laquelle il luy fera fournir pour le moins trois
ou quatre courbettes, de mesme air & mesure, puis il le reportera au pas, ou au trot, ou au
galop au bout de la passade selon son aleine, & gaillardise pour en faire vne autre, & changer
de main, l'aidant tant de la main de la bride, & de la voix, que de la gaule, & de la iambe à la
commancer, continuer & finir aussi vigoureusement que la precedente ; & apres l'auoir remis
sur la piste de la passade, & luy auoir fait faire trois ou quatre battuës de son air, il le retiendra droit & ferme au mesme lieu, en luy faisant autant de caresses, qu'il en aura merité par
sa continuelle gaillardise, & obeïssance, & prattiquant discrettement cette leçon selon sa
force & legeresse, il pourra peû à peu la luy accroistre tellement de demye volte, en demye
volte, qu'à la fin il luy en fournira deux, voire trois à chaque main ; de sorte que s'il veut luy
faire redoubler son manege sans changer de lieu, il n'aura qu'à luy conuertir la distance des
voltes du bout de la passade, en vn pas par le droit, & ce pas en vne battuë, pour facilement
changer de main, sans aucunement interrompre la cadance de son air, & suyure tousiours vne
mesme piste, & iuste rondeur, sans neantmoins le contraindre à faire plus qu'il n'aura de vigueur, & d'aleine, sur peine d'estre conuaincu de temerité ou d'ignorance.

Q

ET d'autant que ces precedentes leçons ordinairement affez bien prattiquées des Italiens fembleront trop rudes , & de trop longue aleine (comme elles font en effet) à ceux qui veulent auoir le plaifir de voir les cheuaux promptement faits à l'air, qui eft le plus propre à leur naturel, & à leurs forces : Ceux qui veulent contenter vn chacun , & faire preuue de leur capacité, quittent ces longueurs, à fin d'ofter tout fujet au cheual de hayr la volte , qui fera defia tout accouftumé d'aller feulement par le droit, à caufe du déplaifir qu'il receura des nouuelles actions , & mouuemens qu'il luy conuiendra faire pour tourner iuftement, & de mefme air, & fe feruent de cette brieueté.

Premierement tout auffi-toft qu'ils luy fentent la tefte, & la bouche bien affeurée , & qu'il leur répond librement à toutes mains , au trot, & au galop, & qu'il leur fournit fept ou huit pefades , ou autant de courbettes par le droit, ils le pafiegent fur vn rond affez large, au pas, ny trop abandonné, ny trop auerty, luy faifant toufiours regarder la pifte de la volte, & luy tenant pour cét effet tous , & toufiours la tefte quelque peu dedans icelle, tant fur vne main, que fur l'autre ; & apres luy auoir ainfi fait reconnoiftre l'efpace de la volte au pas, ils l'obligent par toutes fortes d'aides à faire vne pefade , ou vne courbette de trois en trois pas felon fa patience , ou de quatre en quatre , ou de plus, s'ils le fentent en inquietude, ou appréhenfion, fans neátmoins l'arrefter ny luy permettre de fe départir de la róde pifte de la volte, puis luy en ayant ainfi fait faire deux fur vne main ; ils l'en rechergent encore d'autant fur la mefme, & au mefme inftant & tout d'vne aleine au trot, apres lefquelles ils l'arreftent fans le leuer, & le flattent iufques à ce qu'il ait repris air, & fes forces ; & apres ils le changent de place pour luy donner la prattique de la mefme leçon , fur l'autre main , à fin de luy maintenir la vigueur de fon courage plus libre, & deliberée par tel changement de place.

Et à mefure que le cheual comprend & fait bien cette premiere leçon , il faut conuertir ces premiers pas l'vn apres l'autre, fans aucune precipitation en courbettes , ou en pefades, felon la patience & facilité du cheual , & gardant inuiolablement le ton, & les battuës des pefades, ou courbettes, on luy fera facilement confentir à fournir de mefme air, vne, deux, voire trois voltes à chaque main , l'en recherchant perpetuellement en ces commencemens au pas, & les luy faifant finir au trot, tant à fin que par cette douce entrée il ait meilleur courage de prendre fon air fur la volte, que pour le diuertir de premediter le lieu où il la luy faudroit faire ferrer , ce qui luy donneroit fujet de la finir de foy-mefme , contre l'intention du Caualier , ou de s'y faire entier ; pour à quoy remedier il ne le faudra iamais parer deux fois de fuyte en vn mefme lieu, fur les voltes , & ainfi luy oftant tous les moyens de finir l'air de fes leçons en lieu prefix, & remarqué, on l'accouftumera encore à tourner plus longuement & librement.

Pour le regard de la fin de ces premieres leçons, apres que le Caualier fera party du lieu, où il aura fait fournir la derniere volte de la leçon à fon cheual, il luy fera faire quelque nombre de pefades par le droit , tant pour luy conferuer la liberté de fa legereffe , que pour luy accroiftre la gaillardife de fon courage , à caufe que l'air des voltes fe finit , & à bon droit en tournant au pas, ou au trot , & non de ferme à ferme, ny par le droit és écoles des bons Caualerices , à fin de le luy rendre plus libre, & pour luy ofter toute occafion de s'arrefter de luy mefme , & faire ce qu'il ne deura en cét endroit reconneu ; ce qui fe doit entendre de la fin qui fe prattique és écoles, & non de celle qui fe fait en lieu de parade , & deuant gens de refpect; car en tel cas il luy faut faire finir toutes les mefures, & proportions de fon air releué par quelque quantité de courbettes , ou balotades , ou caprioles de ferme à ferme, ou par le droit.

Et pour l'étreffir fur l'efpace de ces premieres & larges voltes , le Caualier aura tel égard à la capacité du cheual, qu'il ne luy trouble tellement la ceruelle par vne courte fubjection, qu'il n'en foit offenfé , mais peu à peu & fans precipitation , il les luy étreffira fans fe départir de l'ordinaire mefure des pefades , ou courbettes , à fin que par vn ordre bien reiglé, il luy puiffe faire prendre vne iufte proportion de volte large, ou étroitte felon qu'il aura le ceruceau

fort ou

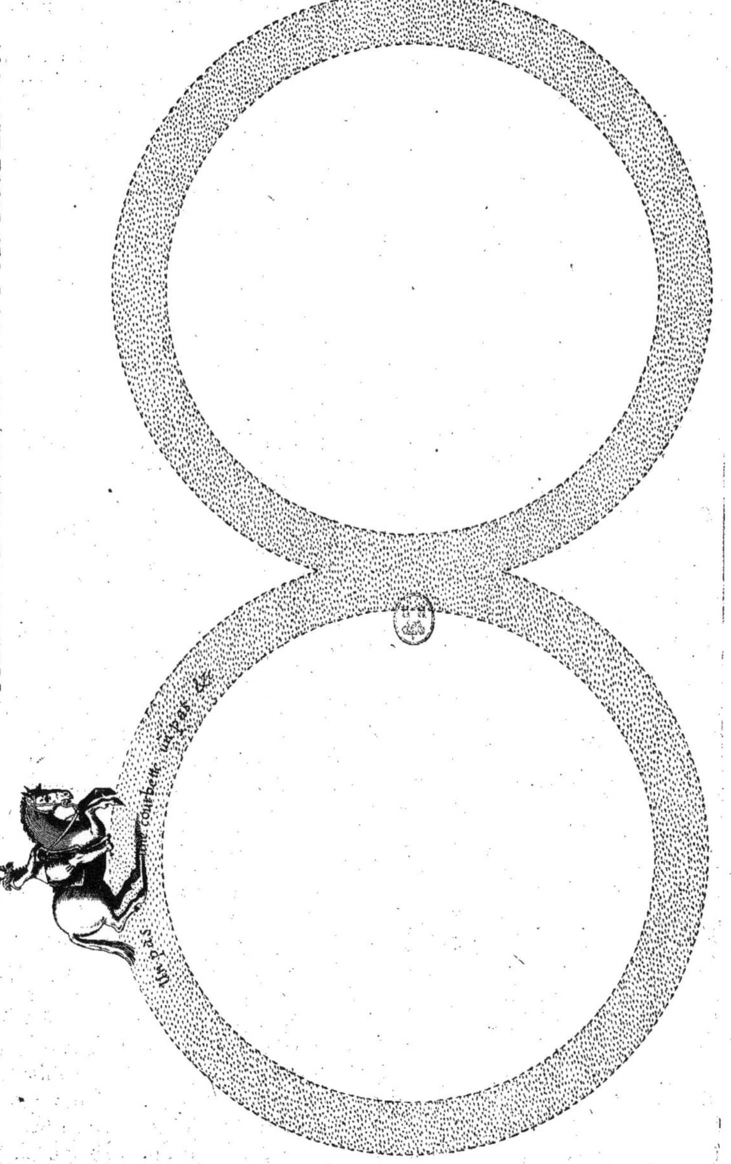

A TRES NOBLES ET BRAVES CAVALIERS
MESSIEVRS DAVID, ET VICTOR RABEN. &c.

fort ou foible , à quoy il pourra paruenir ayſément en le ſouſtenant temperément , & l'acco-
ſtant de ſes jambes fermes , & diligentes en leurs mouuemens , le talonnant ſelon ſa faute , &
le flattant ſelon ſon obeïſſance.

Quand au changement de main ſur l'air releué du cheual, le Caualier le doit auancer vne
ou deux battues de ſon air, par le droit hors du circuit de la volte , & au meſme temps luy ſerrer & pouſſer la croupe,ou de la jambe, ou du talon,autant dedans la circonference du rond,
comme il l'aura porté par le droit , à fin que dés auſſi-toſt qu'il luy aura dreſſé le corps , comme ſur vne ligne tirée en diametre par le milieu d'iceluy , il ait moyen de changer de main, &
de reprendre la piſte de la meſme volte deſia bien arrondie, & la redoubler de meſme air,
force & vigueur,iuſques à la concluſion d'icelle , qui ſe peut faire,ou par le droit , ou de ferme
à ferme,ſelon le courage & la diſpoſition du cheual.

Des balotades , ou croupades.

TITRE VI.

 E s balotades , ou croupades ſont ce qu'on appelle mezair , d'autant qu'elles
ſont plus releuées que les courbettes , & moins hautes que le caprioles , diffe-
rant des courbettes, en ce que le cheual balotant tient la meſure de chaque
temps, auſſi haute du derriere que du deuant ; & des caprioles en ce qu'il n'y
épare point , mais retrouſſe ſes iambes de derriere ſous le ventre , pour ſuyure
également la battuë de celles du deuant , qui fait que les balotades participent des courbettes , & les caprioles que le cheual épare , pour former le mezair ; d'où le bon Caualier peut in-
ferer qu'il faut que le cheual qu'il voudra mettre à cét air , ſoit doüé de plus de force , & de legereſſe , que celuy qu'il veut ſeulement entretenir ſur les courbettes ; & moins auſſi de nerf,
d'eſquine,& de gaillardiſe que celuy de qui il veut tirer vne grande quantité de caprioles, ſoit
de ferme à ferme, ſoit qu'il l'en recherche ſur les voltes ſimples,ou redoublées.

Si bien que lors qu'il en aura recouuert quelqu'vn capable du mezair , & qu'il voudra commancer à le luy monſtrer, apres l'auoir alegery du deuant par le moyen des peſades , & puis
apres des courbettes, il eſt neceſſaire qu'il le hauſſe tant du deuant que du derriere , quelque
peu moins en ſes premieres leçons qu'il ne luy ſentira de force , à fin que peu à peu il ait
moyen de le reduire iuſques au point de la perfection, en laquelle il ſe deura maintenir pour
y fournir vigoureuſement, ioint qu'en ces principes il ne pourroit iamais obſeruer le ton de
la vraye battuë du deuant , & du derriere, s'il falloit qu'il y fourniſt de toute ſa force, comme il pourra puis apres, quand il en aura compris & prattiqué les temps, & les aydes par le
moyen de la bonne école.

A propos des aydes , pour le regard de celuy de la iambe , il ſe doit faire tout aütrement
qu'aux courbettes , d'autant que pour luy releuer également le derriere , comme le deuant , il
faut que le gras , & le talon d'icelle trauaille vn peu plus en arriere des ſangles , & moins diligemment que s'il ne deuoit hauſſer la crouppe , que pour ſuyure la cadance des mains,par vn
rabat bas & net, à fin que par ce ſecours qu'il luy preſente hors du lieu ordonné pour les courbettes, il s'auiſe que comme pour luy faire leuer le deuant, il l'auertit ou de la jambe ſeule , ou
du talon tout enſemble fort pres des ſangles, qu'auſſi l'en battant, ou l'aidant vers les flancs,
cét pour luy faire connoiſtre qu'il doit hauſſer le derriere ; & ſuffira le ſeul auertiſſement de la
iambe au cheual, qui ſera naturellement gaillard, & ſenſible, meſmement pour châtiment,
d'autant que de luy-meſme il ſe mettra plus facilement à mezair, par le conuoy d'vne voix
douce, & gratieuſe , & par le ſifflement de la gaule, accompagné d'vn temperament de main
conuenable

conuenable à la capacité de sa bouche, que s'il le luy vouloit forcer à coups d'éperon, & par quelque voye de rigueur.

Mais s'il est d'vn naturel, lâche, pesant, & paresseux, il luy faudra d'autant plus estre seuere, qu'on est facile à l'autre ; car au lieu de l'aide de la jambe, il luy faudra chausser les éperons de si pres, qu'il s'en reueille au son, non toutesfois si áprement qu'il en éparast, ou tirast du derriere ; & au lieu du sifflement de la gaule, il luy en faudra donner quelquefois si vertement sur le flanc du costé hors la volte, qu'il en soit contraint d'en releuer son action iusques par delà qu'il faudroit qu'elle s'arrestast, s'il y alloit facilement & gaillardement ; & luy faudra donner l'aide de la main, plus & moins auancée & éleuée plus libre, & plus sujette selon le besoin ; l'occasion & la qualité de sa bouche, & d'autant moins qu'on le forcera, d'autant plus reüssira-il iuste, & obeïssant auec plus grande force & vigueur à l'air des balotades, au grand contentement & honneur du Caualier.

Pour faire redoubler les voltes au cheual sur l'air des balotades, ou croupades.

TITRE VII.

DEvx choses se doiuent perpetuellement rencontrer és cheuaux qu'on veut mettre à l'air des balotades ; la premiere est qu'il doit auoir l'appuy de la bouche ferme & leger ; & la seconde la disposition naturellement nerueuse, & dédiée generalement en tous ses membres, d'autant que cét air doit estre sur tous les autres gayement effectué, & non à coups d'éperon, ou à force d'exercice pour estre plaisant, & pour subsister longuement.

Et parce que la nature donne la force & l'alegresse au cheual, & que l'art & l'vsage luy en facilite le moyen d'en bien vser par la prudence du Caualier, il faut que pour la luy bien ménager, & faire iustement employer qu'il tiene le circuit de la volte quelque peu plus large que celuy des pesades & courbettes, tant pour luy moins contraindre sa legeresse, que pour moins luy releuer le mouuement des épaules, à fin de luy laisser la crouppe en plus grande liberté pour accompagner plus legerement l'action du deuant, & pour fournir par consequent tout son air & manege plus librement & gaillardement : Car puisque les balotades ne different des courbettes, sinon en tant qu'elles sont plus releuées, & battuës plus diligemment que les courbettes, il est necessaire que le cheual hausse moins le deuát que le derriere, pour bien employer son esquine à suyure la mesure des croupades, autrement quád il viendroit à donner des mains en terre, si les épaules retomboient de trop haut, infailliblement la cheute en étonneroit la bouche de telle sorte, que n'y pouuant trouuer vn ferme appuy, que la crouppe demeureroit tousiours plus basse de beaucoup qu'elle ne doit estre pour bien balotter.

Et pour bien mesurer les aydes qu'on doit donner au cheual selon le vray ton des balotades, le Caualier le doit vn peu moins soûtenir de la main de la bride, & faire le temps de la iambe moins diligent & auancé que celuy des courbettes, en le solicitant du bout de la gaule vers les fesses, & tenant les pieds ordinairement fort pres de luy, sans toutesfois l'ayder du talon plus en arriere vers les flancs que trois doigts pardelà la derniere sangle ; attendu que c'est le vray lieu où l'éperon doit faire son effet en tous les airs releuez & gaillards.

POur le regard des leçons,quelques-vns les luy reiglent ordinairement par le droit de telle ſorte, qu'à cháque bout de paſſade ils luy font commencer & finir vne demye volte de meſme cadance , reprenans touſiours apres icelle la droitte ligne de la paſſade , pourſuyuans cét ordre iuſques à ce qu'il la face plaiſammenr; puis ils l'en recherchent d'vne autre demye, pour en fin auoir la volte entiere,qu'ils accroiſſent ſelon la capacité du cheual.Les autres,ſans le ſortir du meſme rond , le luy trauaillent diſcrettement iuſques à ce qu'ils la luy ayent faict fournir entierement de ſon air , commençans à en tirer ce qu'ils peuuent , & pourſuyuent au pas ou au trot ce qu'il n'a peu faire au commencement , & continuent cette methode ſi pru-demment à cháque main, qu'ils en trouuent en fin la prattique plus courte pour venir au re-doublement des voltes,que celle de la precedente leçon.

Quelques autres ſe ſeruent fort à propos du pilier, autour duquel ils l'élargiſſent , l'étreciſ-ſent , & l'auancent ſelon que le cheual répond à leur volonté, gardans toutesfois la meſme meſure des reigles precedentes ; de ſorte qu'il ſemble qu'ils n'en vſent que pour retenir le che-ual, qui par impatience voudroit fuïr l'école : Et en toutes ces leçons,il faut que le cheual ac-compagne de la crouppe tellement le deuant , que retombant à terre du derriere , que le pied de dehors la volte ſe trouue comme ſur vne ligne qui paſſe entre les deux de deuant , ainſi qu'on voit en cette figure.

Comme

Comme il faut dresser le cheual aux caprioles.

TITRE VIII.

I la nature auoit fait tous les cheuaux égaux en force, vigueur & volonté, ie dirois aussi, que tous ceux qu'on veut mettre & entretenir aux caprioles deuroyent auparauant passer par les pesades, courbettes, & balotades, que d'arriuer aux reigles des caprioles ; mais puis qu'il s'en trouue de si legers de nature, qu'il semble qu'ils soyent seulement nez pour les sauts, & non pour les airs qui requierent vne force vnie & bien ménagée; ie dis, que ceux que le Caualier estimera capables des caprioles, s'y pourront fort aysément determiner & resoudre, apres auoir esté bien ajustez aux balotades, qu'ils doiuent vigoureusement fournir auant que d'estre mis aux sauts, si tant est qu'ils ayent l'esquine aussi nerueuse que legere, à fin que venans à renforcer peu à peu d'air en air, celuy auquel ils seront les plus propres, ils s'y foulent beaucoup moins, le fournissent auec beaucoup plus de grace, & si maintiennent plus long temps qu'ils ne feroyent, si dés les pesades on leur auoit fait prendre l'air des caprioles, ayant seulement égard à leurs volontez gaillardes & legeres ; mais accompagnées de bien peu de force pour paruenir à la perfection des sauts par la voye des courbettes & balotades.

Et d'autant que l'ayde de la main rend l'air & le manege du cheual plus beau & plus facile que si on la luy abandonnoit pour le laisser faire à sa fantasie, il faut que le Caualier luy en presente le temps libre & délié, & l'en soutiene ferme lors qu'il épare, & l'en releue gaillardement dés qu'il donne des pieds de deuant en terre, tant pour éuiter quelque faux contretemps du derriere, que pour luy faire prendre vne iuste hauteur & proportion de ses sauts: Et pour le regard de celuy des iambes & du talon, il faut qu'il l'en accompagne du gras pour le leuer, & selon qu'il est sensible, qu'il luy face sentir le talon à trois doigts pardelà les sanglés, en tirât vers les flancs pour le faire éparer ; & tout aussi tost apres le coup donné, qu'il reporte les iambes fort auancées sur le deuant pour en mieux soûtenir l'effort, & pour estre plus pres de luy en presenter l'ayde pour le rehausser, ou le parer selon son besoin, l'accompagnant aussi d'vn temps de corps si bien compassé à tel air, qu'il semble estre colé dedans la selle, sans s'auancer trop sur le deuant lors qu'il se leue, comme quelques-vns font de fort mauuaise grace, & sans aussi se ramener tant en arriere qu'il en touche l'arçon du dos, & faisant si bien ces aydes à temps, & par mesure, que l'vn n'empéche-point l'autre, à fin de monstrer son iugement & sa dexterité, & d'entretenir son cheual en vne noble & plaisante disposition.

Et attendu que les caprioles donnent ordinairement tant d'appuy au cheual, qu'elles luy rompent la bouche, & luy falsifient la iuste, ferme, & droitte posture de la teste & du col, specialement quand il s'abandonne sur les épaules, ou qu'il est foible de iambes ou de pieds, à cause qu'en éparant il faut qu'il en soutiene toute l'action & la force sur les iambes de deuant, & sur l'appuy de la main, au lieu que celle des pesades & des courbettes se ramene sur les hanches, & s'y retient par l'appuy temperé de la bouche ; il faut necessairement que soit qu'il y ait vne inclination naturelle, sans beaucoup de force pour y bien reüssir, ou qu'il en ait assez, mais liée & vnie à sa volonté & fantasie, qu'auant que de le mettre aux leçons des caprioles qu'il soit bié asseuré de col & de teste, qu'il ait la bouche fort obeyssante à l'appuy de la main, les épaules bien allegeries à tout le moins aux pesades, & qu'il ait quitté toute sorte de crainte, d'inquietude, de colere, de fingardise, & de fougue, à fin que venant à reconnoistre sa vigueur & sa legeresse, par le moyen de ses sauts, il ne les employast à la fin à se defaire de son Caualier, & à se maintenir entier en ses caprices & boutades.

Or

Or parce qu'il y a plusieurs moyens par lesquels on peut acheminer & tout à fait resoudre le cheual aux caprioles, ie representeray premierement le plus ancien, & que les Italiens retiennent encore, qui est, qu'apres l'auoir releué du deuant aux pesades & courbettes par la voye des calates ou basses, & puis fait aux balotades, s'il est de son humeur dispos & sauteur, ils l'entreprenent par le droit, de telle sorte qu'ils l'obligent, ou pour mieux dire, le forcent à coups de gaule & d'éperons à tirer ou éparer entre ses balotades, renforçans ses aydes & ses coups selon qu'il y obeït, ne s'en departans toutesfois qu'ils n'en ayent tiré ce qu'ils en desirent pour quelque lassitude qui le puisse empécher d'y fournir brauement.

Et s'il est flegmatique & paresseux de son naturel, ils le rechauffent & le reueillent à beaux coups de chambriere, de perches, d'éperons, & d'aiguillons bien pointus, que tousiours deux garçons luy tienent aux fesses & sur la crouppe, tandis que celuy qui est dessus iouë de la gaule, de la voix, & des talons, de maniere que ce pauure animal est contraint par ce cruel traittement de deuenir éperuier, quoy qu'il ne soit qu'vne buze de nature, à la ruïne de ses iambes, & aux depens de qui qu'on voudra, tenans pour maxime, qu'on peut auoir tout cheual dressé sur quelque air & manege qu'on le veut, & de quelque temperament qu'il soit, pourueu que celuy qui le dresse ne manque point de courage ny d'instrumens pour le luy forcer, s'il n'y veut aller de son bon gré & franche volonté.

Et d'autant qu'aucun cheual ne peut bien commencer, ny par tant bien finir la capriole, s'il n'a l'appuy de la bouche bon, ou comme on dit à pleine main, & qu'il y en a toutesfois qui ont assez d'inclination & de force pour y fournir, mais qui ont la bouche si foible & delicate, qu'ils ne peuuent quasi prendre, ny s'asseurer sur l'appuy de la main, qui est cause, qu'outre ce qu'on ne leur peut soutenir la teste sans les acculer, faisans l'action du deuant trop lente & trop basse, on ne les peut encore porter auant lors qu'ils haussent le derriere, & qu'ils éparent, ny les soutenir en reprenans terre; pour leur faire prendre l'appuy conuenable à tous les mouuemens des caprioles, il leur faut faire commencer toutes leurs leçons en lieux spatieux au trot, si vigoureux & auerty, que le plus souuent ils en prenent le galop, gardant vne telle mediocrité entre le trop & le peu, qu'on luy conserue tousiours assez de force & de vigueur pour fournir tât de sauts qu'il en sera de besoin pour la perfection de son air; & les trauaillant ainsi, on trouuera que ce continuel & délié mouuement de leurs membres leur sera en fin prendre tel appuy de bouche, que le Caualier les aura tousiours dans la main pour les soutenir, & porter à la vraye iustesse des caprioles.

Quant aux aydes du talon, on les doit presenter au cheual, selon qu'il est composé de nature; car celuy qui est de son temperament sensible, leger, impatient, & colere, est tellement ennemy de la rigueur de l'éperon, que quelques-vns veulent qu'on luy porte aux flancs pour luy faire leuer le derriere, & éparer, qu'il s'en rebutte promptement, tant aux caprioles qu'à l'air d'vn pas & vn saut, ce qui me donne sujet de dire, que l'ayde d'vne voix plaisante, le sifflement de la gaule, & l'auertissement du gras de la jambe, profitera plus à tels cheuaux estans legers, que les cris & les coups continuels de la gaule & des éperons, vrays outils de confusion, quand ils sont mal employez, & appliquez à des humeurs qui s'en auilissent pluftost que de s'en allegerir: si bien, qu'estant necessaire de maintenir le cheual en la franchise de son courage, & en sa legeresse naturelle pour luy faire fournir aux airs gaillards & releuez, il faut bannir de l'école tout ce qui luy pourroit ruïner le courage & l'allegresse, & luy donner telle leçon que meritera sa force, sa disposition, son appuy, & sa bonne volonté, sans les outrepasser aucunement, puis qu'il n'est pas tenu de faire plus que sa bonne nature ne luy permet, & que c'est vne maxime, qu'on ne doit iamais mettre fin à la leçon par la fin des forces du cheual, qui doit estre maintenu en sa legeresse & gaillardise par la brieueté de l'exercice discrettement continué.

Et quoy que naturellement il s'abandonne, charge, & tire à la main, si est-ce que les cor-

R

tinuelles & rudes flancades ne luy releueront-pas le deuant, ny ne luy feront-pas l'appuy de la bouche plus leger ; car comme le Caualier bien experimenté sçait quand le cheual se sent talonné, soit qu'il ait la bouche delicate ou rude, il tache de s'appuyer sur la main, ou d'y tirer pour auancer, qui fait, que pour l'empécher de s'en defendre, ou de se l'endurcir, il luy faut souuent lácher la bride, & le ramener à l'appuy tout doucement, & mesmes en venir quelquesfois aux ébrillades, s'il a les barres trop endormies : Mais s'il luy est force d'employer ses éperons pour luy délier ses forces, & luy faire prendre son air ; tant plus il aura d'appuy, tant moins portera-il les iambes hors les sangles, tant pour l'en ayder, que pour l'en chátier:car luy donnant des éperons en arriere, il le chassera plus en auant, & s'il les luy donne és flancs, il l'obligera d'éparer tout à fait, ou selon son humeur, de ruer seulement d'vne iambe;de sorte que pour l'allegerir de deuant, & le disposer à vn bon appuy, il les luy fera plustost sentir entre les sangles & le surfais,& vers les épaules, que non pas en arriere.

Le Caualier donc voulant faire son profit de la precipitation des Italiens, apres auoir allegery, & rendu son cheual obeïssant à la main, s'il est gaillard, nerueux, sensible, & de bonne volonté, il choisira quelque lieu étroit, égal, & bien droit, là où il le tiendra en main gaillardement, luy donnant de la gaule sur la crouppe, ou l'en fera fouëtter sur le mollet des fesses, par quelqu'vn bien entendant le temps & la mesure des caprioles, iusques à ce qu'il ait haufsé le derriere, ce qu'il fera facilement ayant passé par les balotades ; & apres l'auoir caressé, il continuera au pas sans le leuer du deuant:mais en l'en empéchánt s'il s'y presente,les mesmes aydes iusques à ce qu'il ait derechef haufsé le derriere, puis l'obligeant de iour en iour à haufser & tirer, il voirra que peu à peu pour mieux obeyr à l'ayde de la gaule, il conuertira cette retenuë &subjection de la main de la bride en vn petit saut, la prenant pour vn doux auertissement de se leuer du deuant dés aussi-tost qu'il en sentira d'appuy,comme il aura fait le coup de la gaule pour haufser le derriere, en quoy il témoignera son bon naturel, qui par cette obeïssance obligera le Caualier de luy faire force caresses.

Et à fin de proceder sans confusion & desordre à le reduire au poinct de la perfection de cér air; le Caualier en ayant tiré par sa science & patience quelques ruades,& luy ayant si bien fait entendre l'effet de la gaule,qu'il y réponde, quand il s'en sent auerty;pour seconde leçon, il le mettra aux pesades de moyene hauteur par le droit ; & lors qu'il commencera à leuer la seconde ou troisiéme,il l'assistera au mesme instant de la gaule,en luy en donnát sur la crouppe, & luy en faisant aussi presenter l'ayde sur les fesses, par celuy qui auparauant l'en aura recherché à releuer le derriere,& tirer; de sorte qu'apres auoir haufsé le deuant, & éparé du derriere, il luy fera faire encore deux ou trois pesades bien ramenées sur les hanches,& soutenuës sur les iambes & jarrets, auant que de l'arrester tout à fait, & puis il le caressera sans partir de ce mesme lieu, s'il le tient sous vn ferme appuy;car s'il l'auoit plus dur qu'à pleine main, il faudroit qu'il le fist reculer, & l'auancer s'il estoit trop leger ; par apres, en poursuyuant cette leçon,il pourra l'attirer aussi à continuer son obeyssance par vne voix gaye & gracieuse au mesme temps qu'il le solicitera de la gaule à le releuer du deuant & du derriere,comme il aura fait auparauant, & l'ira gaignant ainsi de iour en iour iusques à ce qu'il luy réponde facilement.

Pour troisiéme leçon, dés aussi-tost que le cheual reconnoistra les aydes de la gaule & de la voix, & qu'il sçaura prendre le temps du saut, le Caualier ne luy fera plus prattiquer ny deuát ny apres iceluy le nombre de ces deux ou trois pesades ; mais bien l'obligera il à se leuer & éparer tant que faire ce pourra, en le releuant moins haut du deuant qu'aux pesades ordinaires, à fin qu'il ait la crouppe plus libre pour répondre au temps de la capriole;& le voulant arrester, ou pour luy laisser prendre aleine, ou pour mettre fin à la leçon, il luy fera faire ordinairement vne, deux, ou trois pesades,de telle hauteur que la derniere soit la plus haute, tant pour luy conseruer le deuant libre & leger, s'il est tant soit peu pesant, ou qu'il tire à la main, que pour s'empécher de trepigner estant naturellement colere & impatient.

La

La quatriefme leçon fera , que le Caualier le leuera , & le foutiendra peu à peu du deuant, iufques à la vraye hauteur & proportion de la capriole qu'il luy voudra faire fournir à mefure qu'il s'allegera du derriere , laquelle il luy fera doubler & redoubler paifiblement, fans precipitation & fans châtimens , auenant qu'il ne garde-pas vne mefme mefure qu'en fes pefades, attendu que les inquietudes l'en pourront diuertir en ces commencemens, ou que la colere le tranfportra fi fort,qu'il n'occupera fon efprit qu'à fauter, fans remarquer aucune proportion; & partant fuffira-il de le prendre fur le temps de la pefade , fur laquelle il fe trouuera le mieux difposé à commencer & pourfuyure les fauts, apres lefquels il l'arreftera toufiours par vne pe-fade bien ramenée fur les hanches,n'eftoit que le cheual euft la bouche trop foible & delicate, ou qu'il fuft ramingue ou fingard: car alors il faudroit faire l'arreft par quelque téps & mou-uemens de galop, fans toutesfois luy abandonner l'appuy,ny luy precipiter fes forces, à fin de luy conferuer la bouche faine & entiere,& l'efquine en vne legere difpofition, & par ainfi, fe-parant les pefades des fauts, il reduira en fin fon cheual à la perfection des caprioles , fans au-cunement luy auilir le courage, ny fa force & vigueur par aydes & châtimens trop feueres.

Pour le regard des perches garnies d'vne molette d'éperon au bout, ou d'vn aiguillon, il n'appartient qu'aux bons maiftres d'en vfer;car comme elles font caufes de beaucoup de bós effets eftant bien employées, auffi font-elles faire d'eftranges mouuemens au cheual à qui elles font mal appliquées ; & partant le Caualier ne s'en doit feruir qu'à l'endroit des cheuaux qui ne veulent prendre ny obeïr à l'ayde de la gaule qu'il leur fait fur la crouppe pour tirer, quoy qu'ils leuent affez le derriere, & en foient affez libres aux balotades,de forte que cét ay-de ne feruant qu'à le faire éparer, ne fe doit donner qu'à ceux qui leuent affez la crouppe, & qui ont l'appuy de la bouche parfaittement bon.

Or pour bien prattiquer ce remede, le Caualier fera prendre cette perche à quelqu'vn fi bien experimenté en cét art, qu'il ne manque point à l'en piquer plus fur le dehors de la cuiffe qu'en dedans , dés auffi-toft que celuy qui eft deffus le cheual le leue pour commencer le faut, prenant le temps fi à propos, & l'effectuant fi diligemment qu'il ne puiffe par aucun contre-temps rencontrer la gaule de laquelle il le piquera, tantoft d'vn cofté, & tantoft de l'autre, à fin de luy ofter toute occafion de tirer plus d'vn cofté que d'autre; & pour mieux l'employer fans inconuenient, il faut que celuy qui fera deffus l'anime de la voix, pour l'obliger à fe le-uer pour faire le faut, & que celuy qui aura la perche en main , luy en porte l'aide tout auffi-toft qu'il hauffera les pieds de derriere, tant à fin d'éuiter le rencontre du contre-temps, que pour l'accoutumer à fe hauffer,& éparer dés qu'il entendra l'auertiffement de la voix, & pour-fuyura cette methode iufques à ce qu'il obeïffe auffi-bien à l'ayde de la gaule qu'il luy don-nera fur la crouppe, qu'aux auertiffemens de l'aiguillon.

Mais s'il arriue que le cheual force la main du Caualier, & l'emporte à fa difcretion, fuyant l'ayde & l'école tout enfemble, il fe pourra feruir de l'encoigneure d'vne muraille pour le re-tenir en fubjetion, luy tenant la tefte face à face d'icelle, où le hauffant de deuant, il fera contraint d'endurer l'effet de l'aiguillon, & d'y répondre pour n'auoir moyen de s'enfuïr, ny de s'en defendre.

Et de peur que le cheual flegmatique ne s'auiliffe de courage , & de vigueur, & que la co-lere aduft & melancholique ne fe face vitieux, ou peut eftre retif pour ne pouuoir éuiter la contrainte de la muraille, & les piqueures de l'aiguillon, le Caualier fe pourra feruir d'vn épe-ron affez conneu és bónes écoles, foit qu'il le vueille feulement hauffer du derriere,ou hauffer & faire éparer tout enfemble : car pour luy faire leuer le derriere, il n'a qu'à l'en piquer bien à temps fur la crouppe, & pour le faire tirer, ou éparer il le luy fera fentir en telle part des fef-fes,ou des flancs qu'il fçaura eftre conuenable pour ce regard, & par ainfi l'aidant de la voix, & luy oftant toute forte d'apprehenfion de cette precedente fubjection, il luy conferuera fa vigueur,& fon courage en fon entier.

R   2

Pour abreger toutes ces peines fufdittes , & pour hauffer tant du deuant que du derriere, &
faire éparer le cheual , il ne le faut mettre qu'entre deux piliers, ou entre deux murailles , où il
y ait de bonnes boucles de fer de cháque cofté, pour y attacher les cordes du caueffon ; car là
le Caualier a moyen de le retenir fans qu'il luy puiffe forcer la main, & fans le tourmenter
fans fujet , en tant que fi les cordes font fi bien attachées aux piliers , ou aux boucles, qu'il le
puiffe faire reculer trois ou quatre pas s'il eft pefant , & abandonné fur les épaules, ou luy laiffer prendre quelque bonne eftrette s'il tire à la main,ou la force , il fera par cette douce fubjetion , & ce chátiment tout à point par luy mefme rencontré , obligé de fe laiffer ayder, & ceder à la volonté du Caualier, qui pour ce preualoir de fon artifice par temps , & mefure luy
préfentera l'aide de la main de la bride , & le conuiera de la voix à fe leuer, & fauter dés qu'il
s'y fentira conuié par la pointe de la gaule, dont il luy en donnera fur la croupe au mefme
temps qu'il le fentira prendre appuy fur la bouche pour leuer le derriere ; & s'il n'y vouloit
répondre, il fera fort aifé de le luy contraindre par l'aide que quelqu'vn luy fera par derriere,
en l'en folicitant à coups de gaule au trauers des feffes : & fi mefmes il ne fe vouloit rendre par
telle voye, il pourroit luy feul luy faire fentir l'éperon fufdit en telle part qu'il connoiftroit
eftre à propos, ou bien employer l'aiguillon pour le faire feulement éparer , fi tant eftoit qu'il
euft la croupe fi libre , qu'il ne luy manquaft qu'à tirer pour faire le faut en fa perfection,
gardant étroittement tous les moyens fufdits felon la neceffité du cheual , à fin de ne le rebuter ny l'auilir par quelques chátimens trop longs , & feueres, ou par quelque trop grande
fubjetion.

Et le Caualier voulant éprouuer la volonté, & l'obeïffance de fon cheual hors des piliers,il
le mettra pres d'vne longue & droitte muraille, où le terroir foit vny, & là luy prefentant
les aydes à temps, tant de la main, que de la voix, de la iambe, & de la gaule, il en receura
patiemment les premiers effets ; & en cas qu'il fente qu'il ait tant d'appuy qu'il s'abbandonne trop fur le deuant, en hauffant le derriere pour refoudre l'action du faut, lors il faudra
qu'apres luy en auoir fait faire autant qu'il en faudra pour raifon, qu'en l'arreftant il le face
reculer trois ou quatre pas auant que de le careffer, ny luy laiffer prendre aleine, qui eft vn
vray moyen de luy allegerir le deuant ; & lors qu'il le voudra rechercher de nouueau de faire
fa leçon,il le fera encore reculer vn ou deux pas auant que de le releuer; & venát à fauter, il le
foutiendra à la defcente des fauts pour vn temps correfpondant, par vne ferme fecouffe des
cordes du caueffon, à fin qu'il reconnoiffe que ces caueffades ne luy font données que pour
luy faire reprendre terre plus gaillardement fans pefer plus qu'à plene main.

Que fi hors des piliers il faifoit fes fauts trop auancez, il feroit à propos de le mettre par le
droit face à face d'vne muraille, & le retenir le plus ferme qu'on pourroit en vne mefme place, en luy donnant dés fecouffes du caueffon, lors qu'on fentiroit qu'il fe difpoferoit d'auancer, à fin que l'apprehenfion de choquer la muraille l'empéchaft de fe tant precipiter, prenant bien garde toutesfois qu'il ne la heurte du front, de peur que la douleur qu'il en pourroit receuoir ne luy offenfaft le cerueau, qui eftant vne fois bleffé le pourroit priuer de memoire, ou de fanté pour toute fa vie ; pour à quoy obuier, il feroit meilleur de le remettre entre les deux piliers, ioint qu'il pourroit auec le temps reconnoiftre que la muraille feroit le
but de fa leçon, qui luy donneroit encore plus de fujet de forcer la main pour s'y rendre
pluftoft, & par confequent de s'abandonner tout à fait, au lieu de s'alegerir du deuant.

Pour

A TRES NOBLE ET TRES VALEVREVX CAVALLIER MONSIEVR *Adolphe de Watzdorf.*

Pour mettre le cheual sur les voltes redoublées, à l'air des caprioles.

TITRE IX.

NCORE qu'il se trouue des cheuaux si legers, & gaillards, qu'il semble que la nature les ait faits pour vn chef d'œuure de ses merueilles, tant ils sautent haut, & legerement par le droit, sans aucunement incommoder leur Caualier; si est-ce qu'il s'en rencontre parmy ces grands courages qui viennent à perdre la grace de leur disposition, quand on les met sur les voltes, à l'air des caprioles; & partant faut-il noter, que celuy qui a le col fort mol, & foible, & la bouche trop delicate, s'y reduira difficilement à cause qu'il n'y pourra estre soutenu par vn ferme & temperé appuy de bouche, pour l'auoir trop sensible, qui fera qu'il se couchera tousiours sur la volte, iettera la crouppe hors d'icelle, & pliera le col, & mesme tout le corps en tournant à faute d'vn bon appuy de main.

Et d'autant que le cheual qui aura esté allegery du deuant par toutes sortes d'artifices, & à qui on aura fait prendre quelque mediocrement doux appuy de main, quoy qu'il fust naturellement fort dur de bouche pour le determiner, & faire reüssir à l'air des caprioles par le droit occupera continuellement sa force & vigueur, tant à hausser, & soustenir le fais, & fardeau de ses épaules, que pour prendre appuy conuenable à la dureté de sa bouche, à peine prendra-il les voltes du mesme air qu'il fournira les caprioles par le droit, d'autant qu'il y aura employé toute sa legeresse, qui luy defaillant là où il les deuroit commencer, ne s'y mettra que par vn mouuement contraint, & par vne action generalement forcée.

Et parce qu'il me souuient auoir dit, qu'il n'y a air plus conuenable au mauuais naturel du cheual ramingue que les courbettes, ie dis de plus qu'il s'en trouue qui sont ennemis des voltes releuées, qu'ils ne les prenent que pour mieux effectuer leur vilain courage, specialement apres auoir esté trauaillez, & determinez par le droit aux caprioles, sur lesquelles ou ils se serrent, ou s'acculent tellement que le Caualier suë sang & eau à le chasser auant, tant pour ne l'endurcir en son vice naturel, que pour luy conseruer sa vigueur, qui luy pourroit estre accablée par la prattique de la iuste proportion de cét air, trop opiniatrement continuée en vn mesme lieu, où il a moyen de premediter comment il se pourra maintenir en sa double & fingarde volonté, si le Caualier n'y preuoit en l'en portant hors dés qu'il sent qu'il s'y retient, ou s'y accule, & luy changeant de leçon, comme de place pour vaincre son déloyal naturel; de sorte qu'il sera plus à propos de tirer ce qu'on pourra de tels cheuaux par le droit, que d'entreprendre de les faire reüssir aux voltes de mesme air, contre toute apparence qu'ils s'y reduisent aussi librement, & y fournissent auec autant d'allegeresse que par le droit.

Or le Caualier rencontrant vn cheual qui ait l'appuy de la bouche ferme, & bon, & doüé d'assez de forces pour fournir aux voltes redoublées à l'air des caprioles, il commencera à luy faire connoistre l'espace, & la rondeur d'icelles, qui doiuent estre plus larges que celles des courbettes, & balorades au pas reiglé, & auerty à chaque main, luy tenant la crouppe fort suiette sur la piste d'icelles, & mesmement en telle sorte qu'il puisse y auoir tousiours vne cuisse en dedans, à fin de luy tenir le col, & le corps droit, & pour l'empécher d'en falsifier la iuste rondeur, comme il pourroit facilement faire à cause de la peine qu'il a d'en accompagner le deuant en éparant; & cela fait il le haussera, & luy fera faire vn ou deux caprioles suyuies d'autant de pesades, & puis marchera deux ou trois pas sur la mesme piste de la volte, apres

lesquels

lefquels il le releuera de mefme air, le retenant le plus ferme, & droit fur la iufte rondeur qu'il fera poffible, l'empéchant d'en ietter la crouppe hors, tant auec la corde du caueffon, que de la jambe hors la volte, ne luy accroiffant au furplus le nombre des caprioles entrefuyuies, que felon qu'il en prattiquera bien le temps, & la mefure.

Et après que par cét ordre bien effectué, il viendra à faire facilement toute la volte de mefme difpofition, fi ne faudra-il pas pour cela l'arrefter dés qu'il l'aura ferrée pour luy faire prendre aleine, & receuoir les careffes accoutumées, qu'auparauant il n'ait encore fait trois ou quatre pas en auant fur la mefme pifte, à fin de luy ofter tout moyen de premediter le lieu où on le voudra arrefter, & d'en faire vn ordinaire, & pour le maintenir toufiours en volonté, & en action d'employer fes forces, également diftribuées à tout ce qu'on luy voudra demander par ordre, & raifon, car il ne doit non plus pour ce fujet remarquer le lieu de l'arreft, que reconnoiftre celuy où il doit prendre le temps de commencer la volte.

Pour luy faire accompagner cette premiere volte d'vne feconde, dés auffi-toft qu'il l'aura fournie & ferrée d'vn mefme air, au lieu de l'arrefter apres les trois pas qu'il luy faifoit faire en auant fur la leçon de la premiere, il le hauffera, & en tirera d'vne aleine autant qu'il pourra, & le portera toufiours fur cette volte compofée & entremeflée de pas, & de caprioles, iufques à ce qu'il l'ait faite, & ferrée de mefme force & vigueur que la premiere, fans interrompre la mefure de fon air.

La capriole fe connoift eftre en fa perfection, quand le cheual eft en l'air auffi haut éleué du derriere, que du deuant, qu'il eft ferme & droit de tefte, & de col, auffi bien en reprenant terre, qu'en fe leuant, & éparant fans aucun faux mouuement; qu'il retrouffe également les bras en fe hauffant, & noüe nerueufement l'éguillette en éparant, fans que les jambes du derriere s'écartent tant foit peu l'vne de l'autre, faifant également & en mefme temps leur action en l'air, & quand il retombe toufiours de faut en faut à vn pied & demy, ou deux pres du lieu où il fe fera hauffé fans ioüer aucunement de la queuë.

Et pour l'aiufter à ce manege auec moins de peine & incommodité, le Caualier le pourra mettre au pilier, par le moyen duquel il le retiendra facilement, & le fera confentir à l'appuy de la main, fi tant étoit qu'il vouluft fuïr l'école de fougue, & d'impatience, & l'auancera felon qu'il s'arreftera pour s'acculer, ou fe ferrer fans qu'il puiffe éuiter les chátimens deus à fa faute; & gardant au refte toutes les fufdites mefures, ordres, & proportions, il le reduira bien toft à la perfection des voltes redoublées de ce mefme air, finiffant d'ordinaire fa leçon fur les bonnes caprioles, lors qu'il luy fentira la force, & le courage également difpofé à les bien fournir, ou fur vn manegebas s'il manque d'aleine, & de legereffe pour la finir par fauts gaillardement releuez.

Que fi le Caualier remarque que fon cheual ait faute de vigueur, & foit de peu de nerf, encore qu'il ait affez bonne volonté, ce qu'il pourra reconnoiftre aifément en tant que tels cheuaux ne manient qu'à force d'aide, de voix, de gaule, & de talons, il ne le pourmenera pas ny auant, ny apres fon manege releué, comme on a accouftumé de paffeger ceux qui font impatiens, entiers à quelque main, ou qui ont peu de memoire, mais beaucoup d'efquine, attendu que ce pourmenement fuperflu luy pourroit diminuer le peu de difpofition qu'il auroit, ains il le doit tenir en action tellement auertie, qu'il vienne à vnir toutes fes forces dés auffi-toft qu'il voira le lieu où il s'imaginera qu'on le recherche de fon air, qui eft caufe qu'on doit toufiouts luy faire commencer & finir fa leçon par les plus gaillards, & vigoureux mouuemens, à fin de le maintenir continuellement reueillé par le moyen des aydes & chatimens, que fon obeïffance & la faute meriteront.

Que le cheual aura naturellement plus de difpofition que de force, ou s'il la retient tellement liée & vnie, qu'il ne la vueille pas étendre, le Caualier le changera fouuent de place, & fpecialement lors qu'il luy apprendra à changer de main, & en luy faifant prendre refolument

ment &

ment & allaigtement les premiers temps de la volte, il le chaffera plaifamment quelque peu en auant fur la place d'icelle, pour l'obliger à employer tout à fait fa vigueur & legereſſe ; mais s'il eſt trop fougueux, ou s'il tire à la main, il le retiendra, ou le fera vn peu reculer en attendant que fa colere fe paſſe, ou qu'il fe ramene ſous vn ferme & tempeté appuy de bouche, pour bien commencer & finir ſon air ferré & releué.

Pour faire fournir au cheual les caprioles hautes en perfection fur les voltes redoublées, le Caualier doit l'aider du gras des iambes, & luy faire fentir l'éperon du coſté hors la volte, quatre petits doigts par dela les fangles, tandis que celle de dedans le retient en action, & ſoupçon de l'éperon de ce mefme coſté s'il n'y obeït ; & s'il fe leue plus haut du deuant que du derriere, il luy faudra alentir l'appuy de la main, & luy augmenter l'aide de la gaule fur la crouppe, & celuy de l'éperon pour la luy faire hauſſer & éparer ; & au contraire hauſſant plus le derriere que le deuant, il luy faut tenir la main haute, & vn peu plus gaillarde qu'à l'accouſtumé, & luy donner les éperons fur le deuant pour la luy faire leuer, & fournir la capriole auſſi haute du deuant, que du derriere, ayant touſiours égard à ſon courage, à fa force, à fa qualité, à fa difpofition, & à fa bouche, luy tenant pour ce regard tantoſt la main haute, & tantoſt auancée fur le col, & luy en donnant l'appuy felon qu'il l'aura bonne, ou mauuaife.

En fin pour faire fin, & pour faire prendre à tous cheuaux l'air, & le temps des caprioles fur les voltes auec plus de plaifir & de liberté, le Caualier leur fera commencer leurs leçons par prifes & reprifes de quelques pefades, courbettes, ou croupades felon leurs deportemens; c'eſt à ſçauoir au pas, quand ils s'abandonneront trop fur les épaules, & s'appuyeront trop fur la bride, & le caueſſon, ou qu'ils tireront à la main, au trot lors qu'ils y feront libres & legers, & au galop quand ils fe retiendront trop ſous l'appuy, ou qu'ils auront la bouche foible & delicate ; & pour mieux finir il les doit retenir fur les hanches, iuſtes, & droits, & fermement ramenez, fans leur permettre neantmoins de s'acculer, ou d'en faire feulement le femblant.

Pour mettre le cheual à l'air d'vn pas, & vn faut.

TITRE X.

'A i r d'vn pas & vn faut eſt le plus ancien de tous les airs releuez, & qui fait paroiſtre le Caualier de meilleure grace à l'entrée de quelque tournoy, & maſcarade, pour eſtre accompagné de quelque fougue, & fureur Martiale plus que les autres, & d'vne fi naïue gentileſſe qu'il ne laiſſe que du plaifir, & de l'admiration à la compagnie qui le voit gayement effectuer.

Or deuant que de commencer à mettre le cheual fur la iuſteſſe des leçons de cét air, le Caualier le doit premierement auoir bien allegery du deuant par le moyen des pefades, & fait reconnoiſtre l'auertiſſement de la gaule qui fe donne ordinairement fur la crouppe, pour la luy faire hauſſer, & éparer fur les croupades, & caprioles, & qui tant importe luy auoir aſſeuré le col, & la teſte, & fait prendre vn appuy temperé ; & s'il eſtoit naturellement fougueux, & timide, il faudroit auſſi deuant que d'en venir là qu'il luy euſt abattu fa colere, & fait perdre toute forte d'apprehenfions des châtimens, tant de la voix, & des coups de la gaule, que des éperons, d'autant que cét air eſt celuy de tous, qui le met le pluſtoſt en colere, & impatience, excepté la longue & ordinaire courfe pour fa grande furie & violence.

Et comme les pefades font les fondemens de tous les autres airs releuez, auſſi le font elles encore de cétuy-cy ; car apres que le Caualier a oſté la fougue à ſon cheual, & le foupçon d'eſtre mal traitté, & qu'il l'a dans la main, & dans les talons fur icelles, ou fur les courbettes, balotades, & caprioles, luy voulant donner la premiere leçon du pas, & vn faut, il le mene

en vne

carriere, où le terrain soit vny & applany, dans laquelle l'ayant degourdy au pas, & au trot, & mis en bonne aleine, il commence à le leuer, & luy faire fournir quatre pesades de suite, & de telle sorte que la derniere se trouue tousiours la plus haute, & toutes bien ramenées & soustenuës sur les hanches, apres lesquelles il le fait cheminer sans l'arrester quatre ou cinq pas bien retenus, & auertis en cas qu'il le sente vn peu pesant, ou tirant à la main, & au cas s'il se retint & fait mine de s'arrester, ou de s'acculer, & puis il le rehausse encore quatre autresfois pour en tirer autant d'autres pesades, également hautes & vigoureuses, & poursuit ainsi sa carriere, en l'auançant, & le haussant de quatre ou cinq, en quatre ou cinq pas; au bout de laquelle il le tourne, & le remet dedans pour luy faire comprendre la iuste proportion de cette reigle, sur laquelle il l'entretient iusques à ce qu'il la fournisse viuement & plaisamment.

Et pour seconde leçon, il le remet en la mesme carriere, où l'ayant fait cheminer ces quatre ou cinq pas, il le hausse pour luy faire faire vne pesade seulement, & au lieu de continuer à la seconde, il la luy fait conuertir en vn saut par le moyen des aydes qu'il luy donne au mesme temps qu'il hausse le deuant, tant de la voix, que de la gaule, de laquelle il l'auertist en luy en frappant les fesses, & des éperons qu'il luy fait quelque peu sentir à quatre doigts par delà les sangles, de peur qu'il face refus de hausser la crouppe, & de tirer, & apres ce saut il luy fait faire encore deux autres pesades de suite, en quoy la premiere reigle se voit retranchée d'vne pesade qui est échangée en vn saut en cette seconde, composée par consequent d'vne pesade, d'vn saut, & de deux pesades; & pour luy mieux faire éparer le saut, il luy en presente le téps vn peu plus bas du deuant que celuy des pesades; la derniere desquelles doit tousiours estre plus haute & retenuë sur les hanches, que les precedentes, pour deux raisons; la premiere est, pour luy oster tout moyen de trepigner s'il estoit naturellement colere & impatient; la seconde est, à fin de le maintenir en obeïssance, & luy tenir la bouche sous vn bon & temperé appuy de main s'il y en prend trop, ou s'il est de son naturel fort chargé du deuant; mais s'il y est si leger qu'il s'y retienne trop, il le faudra lors plustost chasser & porter en auant discretement & doucement pour le resoudre au bon appuy, que de le hausser & le soutenir par trop sur les pesades apres qu'il aura fait le saut.

Pour troisiesme leçon, estant en la mesme carriere, ou en quelque autre lieu semblable, apres luy auoir fait faire vne pesade, vn saut, & vne pesade, il l'oblige par les aydes ordinaires à fournir vn saut au lieu de la quatriesme pesade haute & retenuë qu'il faisoit pour finir la seconde reigle, apres lequel il luy fait encore faire deux autres pesades deuant que de le faire aller auant les quatre ou cinq pas precedens, au bout desquels il le recherche encore d'autant de pesades, & de sauts, & puis le remet sur ses pas accoustumez, l'entretenant sur cét ordre iusques à ce qu'il le suyue facilement sans se mettre en fougue, & sans entrer en apprehension.

Et pour le reduire à la perfection de cét air, il luy faut accroistre & augmenter les pesades, & les sauts de temps en temps, & selon qu'il y répond & les prattique, faisant tousiours la pesade d'entre les sauts plus basse du deuant, que les deux dernieres de la leçon, le haussant neantmoins & le soutenant du deuant petit à petit, & selon qu'il s'allegerist du derriere, & qu'il épaule, à fin de reduire par la prattique de ces reigles le saut à la perfection qu'il le pourra gaillardement & vigoureusement fournir, & selon le nombre conuenable à ses forces, à son courage, & à la disposition, sans y estre aucunement pressé ny contraint.

Que si l'impatience le transporte tellement qu'il tire à la main pour faire ses sauts, & s'y auance plus que ne veut le Caualier; pour luy abattre cét ardeur, il sera à propos de le mettre entre piliers, à fin de luy pouuoir faire faire sans incommodité ces pesades, & ses sauts en vne place, & pour ce faire il faudra que les cordes auec lesquelles il y sera attaché soyent tellement disposées, qu'il luy puisse faire faire en arriere les quatre ou cinq pas qu'il faisoit en auant pour apres le rehausser, & le faire sauter selon qu'il sera à propos, & par ce moyen il le châtiera tellement de son impatience, qu'en fin il perdra mesme la volonté de tant precipiter l'ordre de sa leçon.

Pres que le cheual sera bien asseüré au pas, & au trot sur ces premieres reigles, le Caualier pourra commencer à luy donner le galop gaillard en vn lieu bien applany, & le l'y trauailler selon la demonstration de ce dessein, pour luy affiner l'air d'vn pas, & vn saut, & le luy faire fournir en sa vraye perfection ; & pour y paruenir il faut premierement sçauoir, que les pesades qu'il luy a fait faire entre les sauts de ces premieres leçons se doiuent conuertir en vn temps de galop, beaucoup plus preste que celuy des caprioles, plus auancé & determiné, mais moins releué que celuy des courbettes de mezair, à cause qu'il luy sert comme de course, tant pour le resoudre que pour le leuer dauantage pour fournir le saut qui doit estre semblable à celuy des caprioles, sinon qu'il faut qu'il soit quelque peu plus étendu.

Et d'autant que le vray effet de ce temps de galop dépend des mouuemens bien reiglez tãt de la main, que de toute la personne du Caualier, il faut que toute son assiete soit aussi droitte, iuste & ferme, que s'il estoit planté sur ses pieds, à fin que tenant tout le corps en cette ferme posture, il puisse tousiours auoir son cheual dans la main, l'appuy de laquelle pourroit estre faucé ou abandonné s'il estoit si foible en selle, qu'il fust contraint de consentir aux nerueux mouuemens du cheual, si bien que n'en pouuant soutenir l'action releuée, il se voiroit bien-tost vaincu du cheual, qui à cét air ne prend le temps de se hausser & sauter, ny de se soutenir & retenir que dans la ferme main du Caualier, qui manquant à bien prendre & faire ce temps, aura tousiours son cheual en desordre: Car par exemple s'il le retient trop sur ce temps de galop qui se fait entre les deux sauts, ce deuxiéme ne correspondra point au premier, à cause que le cheual aura esté empéché par telle retenuë de bien étendre ses forces pour le faire; & d'ailleurs s'il s'abandonne aussi trop sous l'appuy de sa main, pour faire ce temps de galop, qui est ce pas qui se fait auant le saut, il le fournira trop étendu, pour n'auoir pas eu moyen d'y retenir ses forces vnies pour le faire à proportion du premier; & s'il le hausse aussi trop du deuant pour le faire sauter, il ne le pourra accompagner du derriere à raison de cette inegalité; & si aussi il ne le leue pas assez du deuant, il pourra tellement hausser le derriere, que cette disproportion le proforcera de faire quelque faux mouuement de la teste, ou de porter le nez au vent à la descente du saut, ou de precipiter tellement le pas d'apres ce saut, que le suyuant sera trop abandonné, ou trop appuyé sur la bride, si le cheual n'est doüé d'vne grande disposition & force de tous ses membres.

Partant pour bien accorder & faire ioüer le tout ensemble sans déreiglement, il faut que le Caualier conforme les actions de son corps, & les temps de sa main à l'appuy de la bouche de son cheual ; & l'aide des iambes, & des éperons selon sa naturelle inclination, vigueur, & legeresse au mouuement general de toutes ses parties ; Car s'il auoit le talon si friand, & si rude, ayant affaire à vn cheual colere, sanguin, qu'il outrepassast le merite de sa faute, il le pourroit reduire à quelque desespoir, ou pousser en quelque imperfection, au lieu de se preualoir de sa gentilesse ; & s'il l'auoit au contraire lâche & paresseux, trauaillant vn cheual pesant & endormy, ou qui retinst malicieusement ses forces, ou qui fust ramingue, tant s'en faut qu'il le peust dignement châtier de sa paresse, ou luy faire employer ses forces, & le chasser auant au besoin, qu'au contraire il l'entretiendroit en sa lâcheté, & coüardise, & en son mauuais courage; de sorte que pour bien employer son éperon, & à fin que le cheual en face le saut en sa perfection; apres que le Caualier l'aura leué à sa vraye hauteur par l'aide de la main ; & de la gaule, il l'auertira du gras de la iambe, & des talons au costé & pres le mitan du ventre, pour le luy faire plus vigoureusement fournir, & pour en estre plus droit, & le cheual moins incommodé sans les ouurir qu'il ne l'ait du tout fourny, & pour l'obliger aussi à s'y porter plus gayement l'aidant des iambes, & des talons vn peu auparauant qu'il ait le deuant en sa iuste

hauteur,

A TRES ILLVSTRES ET GENEREVX SEIGNEVRS MES SEIGNEVRS RVDOLPHE, ET IEAN
RICHARD BARONS DE POLHAIMB. &c.

hauteur, à caufe que cét auertiffement luy reueillera les fens, & follicitera fon courage à le bien faire.

Et pour le regard des actions du corps, lors que le cheual leue le deuant, le Caualier doit eftre droit & ferme en felle; & quand il hauffe le derriere & en épare, il doit vn peu reculer les épaules en arriere s'aneruant & fe róidiffant fort fur les étrieux, à fin d'en foutenir mieux la difpofition du faut, n'abandonnant iamais la forme tenuë de la main, pour luy prefenter l'ayde qu'il doit auoir pour faire le pas de fon galop, & pour fe releuer facilement à fin de continuer l'exercice de mefme ton & mefure.

Que fi le cheual auoit l'appuy de la bouche plus dur qu'à pleine main, & faifoit les fauts trop étendus, & n'éparoit-pas facilement, il fe faudroit feruir de l'aiguillon, ou de l'éperon fus mentionné, & les luy faire fentir fur la crouppe, ou aux feffes, ce que pourra aysément effectuer le Caualier de luy-mefme pour le regard de l'éperon, l'effect duquel eft, de hauffer le derriere du cheual fans partir d'vne place; & pour celuy de l'aiguillon, il s'en fera ayder par quelqu'vn bien accort, comme i'ay dit traittant des caprioles; & s'il fe retenoit trop, & ne vouloit-pas auancer, il faudra qu'il fe ferue de la gaule ordinaire au lieu de l'éperon, ou de l'aiguillon, d'autant qu'elle a cette propriété de hauffer & chaffer le cheual en mefme temps, laquelle il pourra employer en deux façons; la premiere, en luy en prefentant l'ayde, tenant le bras en telle forte qu'il luy en puiffe toucher le milieu des feffes par deffus l'épaule, fans le releuer de fa droitte pofture, & fans tourner la tefte deçà ny delà, & pourueu que le cheual ne foit point apprehenfif de fon humeur, de peur que ce mouuement de bras & de gaule ne luy defordonne la droitte & ferme fituation du col & de la tefte, & par confequent ne l'empéche de prendre le temps & fuyure l'ordre & la iufteffe des leçons de cét air, par le foupçon qu'il en pourroit conceuoir d'en efperer & attendre quelque fácheux coup: la feconde, en la tenant tellement deffous le bras, que la pointe en foit auancée en arriere, à fin de l'en ayder felon la neceffité & l'occafion, fans toutesfois tourner le corps de ce cofté-là, pour en faire l'ayde, qui à la verité n'aura grace que celle qui partira du libre mouuement du bras du Caualier, quoy que les effets en puiffent eftre plus affeurez que ceux qui procedent de celuy qui fe fait par deffus l'épaule.

Et pour bien faire & finir ce manege, il faut que le Caualier au commencement le conuie de prendre fon air pluftoft que de le luy forcer, & l'oblige dés qu'il l'aura pris ainfi quafi de foy-mefme à le renforcer petit à petit, & le fentant en legere & gaillarde difpofition, il le luy fera finir par deux ou trois caprioles, n'attendant iamais qu'il en foit venu à l'extremité de fes forces, ou de fon aleine, pour mettre fin à l'exercice; car il en doit toufiours eftre retiré plus libre que laffé; quoy que de luy-mefme il fe prefentaft à y fournir iufques au bout d'icelles, à fin que par ce mediocre trauail il fe forme vne libre volonté d'affectionner pluftoft la bonne école que la haïr.

Pour

Pour apprendre aux cheuaux à danfer, à fin de s'en feruir aux carozelz.

TITRE XI.

IE pourrois icy rapporter plufieurs exemples des cheuaux qui ont fi bien danfé au fon des inftrumens de guerre, qu'ils en mettoient tous ceux qui les voyoient en admiration; mais d'autant qu'il s'en trouue auiourd'huy és écuries des Princes, qui ne cedent-point à la gentilleffe de ceux de l'antiquité, ie n'en parleray-pas, finon que i'auife le Caualier qu'il ne doit point y accouftumer le cheual auec lequel il voudra combattre vn iour de bataille, ou courir la bague, d'autant que l'vn & l'autre entendant le fon des trompettes, fifres, & tambours, fe pourroient fi fort imaginer qu'il ne leur demanderoit que quelque cadance bien rapportée au ton & mefure de tels inftrumens, que quand il les voudroit pouffer à toute bride, qu'ils ne s'en auanceroient-pas d'vn pas, & que plus qu'il les piqueroit, qui plus redoubleroient leurs trepignemens auec leurs courbettes rabattues, balotades, & captioles, qui eft l'exercice des cheuaux qu'on veut dreffer aux carozelz, comme ont peu remarquer ceux qui en ont veu, & connoiftront ceux qui en verront.

Or pour le bien reigler, & le faire bien fournir aux cheuaux, le Caualier s'en doit pouruoir de ceux qui naturellement font gaillards, plaifans, bien proportionnez de tous leurs membres, de mediocre taille, bien dociles, & de bonne bouche; car les cheuaux pefans, melancholiques, & pareffeux n'y font aucunement propres: Et fuppofé qu'il en ait de telle complexion, & qui foient defia bien allegeris du deuant & du derriere, & bons à la main, & qu'il ne refte-plus qu'à bien & preftement battre la terre des quatre pieds, & à leur reigler leurs leçons, ie l'auife que ie ne trouue plus courte voye pour les reduire à cette perfection, que de les mettre à l'écurie, entre les deux piliers où on a accouftumé de les mettre quelques heures du iour au filet, & leur ayant donné le cauefton, & attachées que les cordes feront à l'vn & à l'autre pilier, il faut que le Caualier fe tiene d'vn cofté, & quelque homme bien entendu de l'autre, & que chacun d'eux tenant en main quelque bout de gaule pointu comme vn aiguillon, l'en pique où on a accouftumé de luy faire fentir l'éperon, de telle forte que leurs pointures s'entrefuyuent affez lentement pour le commencement, à fin de luy donner le temps & le moyen de les receuoir auec quelque imagination de leurs volontez, & à mefure qu'ils connoiftront qu'il comprendra leur intention, ils le flatteront à qui mieux mieux, & puis recommenceront à le piquer comme auparauant, haftans peu à peu leurs coups, qui doiuent eftre affez doux, à fin de luy faire auancer & doubler fon trepignement; puis leur ayant obey pour ce iour-là felon qu'il a peu faire, ils le carefferont fort, luy ofteront le cauefton qu'ils luy ont donné feulement, à fin que s'il vouloit aller auant, il trouuaft fon châtiment tout preft; & le laifferont au filet quelque heure durant, apres laquelle ils le reuifiteront & luy prefenteront les mefmes aiguillons, puis leur ayant fait voir qu'il fe fouuient de ce qu'ils luy ont monftré, ils luy ofteront le filet, & le mettront à la mangeoire.

Le lendemain le Caualier le doit faire fortir de l'écurie, & l'attacher par les cordes du cauefton, à deux arbres, ou à deux piliers, où le tenant ferme fous l'appuy de la main, il le fera piquer par deux hommes fçauans en telle prattique, affez éloignez de fes coftez, à fin que fentant les coups donnez de mefme ordre que ceux du iour precedent, il fe mette en deuoir d'y obeyr, & dés qu'il y aura fatisfait, il le doit luy feul careffer, & puis commencer à le tafter

de ſes éperons, qui pour lors doiuent pluſtoſt eſtre émouſſez, que pointus, à fin de luy faire
connoiſtre qu'il n'en doit point craindre la quantité, & que cela ne ſe fait que pour l'auertir
de battre bien diligemment des quatre pieds, & auſſi pour luy oſter tout ſujet de ſe mettre en
fougue & impatience, & auec iceux, ſuyure la meſme meſure que les hommes luy auroit donnée auec leurs aiguillons ; & autant de petis coups, ou pour mieux dire, de chatoüillemens
d'éperon qu'il luy donnera, autant de petis mouuemens fera-il du petit doigt, à fin qu'il s'aſ-
ſeure la bouche, & qu'il vienne à faire le meſme trepignement dés qu'il y ſentira cét auertiſſement, & ſe ſouuiendra de ne le forcer à luy obeyr aucunement, parce que cela ſe deuant faire
ſeulement pour donner du plaiſir aux compagnies, & non de neceſſité ; il faut que le cheual y
ait beaucoup d'inclination, autrement s'il failloit, le luy contraindre par la voye de rigueur, il
arriueroit ſouuent, que pourtant bien dreſſé qu'on le penſaſt auoir, qu'au lieu de donner ferme en vn lieu, & de repondre à ſa leçon, qu'il prendroit le mors à belles dents, ou feroit quelque autre deſordre, qui luy feroyent receuoir vne moquerie toute entiere, ſans y rien requerir ; de ſorte, que pour cette premiere fois, s'il refuſe de faire pour les éperons ce qu'il a faict
pour les aiguillons, les hommes lors recommenceront à les luy faire ſentir plus viuement
qu'auparauant, à fin que s'en ſentant piqué plus rudement qu'il n'auoit point encore eſté,
qu'il s'imagine que ce traittement luy eſt fait pour n'auoir-pas voulu prendre en bonne part
l'auertiſſement des éperons de ſon Caualier, qui doit pareillement accompagner ces coups
d'aiguillon de quelques petites éperonnades ; & voulant faire deporter ces hommes de luy en
plus donner, il ne laiſſera-pas de ſuyure leur meſme meſure auec ſes éperons quelque peu de
temps, & puis luy fera force careſſes en le retenant quelque peu ſans luy rien demander, &
lors qu'il le voudra rechercher, il commencera à l'auertir de la main de la bride, & luy faire
ſentir les mouuemens de ſon petit doigt, qu'il accompagnera de ſes talons, ou du moins de
la iambe, & l'obligera le plus doucement que faire ſe pourra d'en prendre le temps & la meſure, côme il aura fait celle des aiguillons ; & apres en auoir tiré quelque obeïſſance, il le flattera
fort, & le laiſſera ſeul entre ces deux piliers, luy oſtant la gourmette, & luy lâchant la muſerolle du caueſſon, & à quelque temps de là il luy fera careſſe, & le renuoira à l'écurie.

    Et le troiſiéme iour il le remontera, & le fera attacher aux meſmes piliers, & là luy preſen-
tant les meſmes aydes, tant du petit doigt de la main de la bride, que des talons, ou de la iambe, s'il luy obeïſt ſans aucun refus, apres pluſieurs careſſes, il le fera detacher, & prendra les
deux cordes du caueſſon en ſa main, & tâchera d'en tirer la meſme obeïſſance ſans partir delà,
& ſans ſe voir attaché, qu'il en aura receu auparauant ; & arriuant qu'il s'y rende auſſi libre
que s'il y eſtoit lié, il le flattera fort, & le conduira aupres de quelque muraille, le long de laquelle il l'ira auertiſſant de faire les meſmes battemens des quatre pieds qu'il aura fait entre les
piliers ; & y obeïſſant apres l'auoir fort careſſé, il le demontera, & le conuoira à l'écurie.

MAis, ſi ſe voyant ſous ſa foy, & hors des piliers, il ſe vouloit preualoir de telle liberté, & ſe
defendre de la recherche du Caualier, lors de deux choſes l'vne, où il le fera promptement rattacher à ces piliers, ſçauoir eſt, ſi ſa deſobeïſſance eſt trop grande, où dés qu'il y ſera, il
luy donnera trois ou quatre bonnes éperonnades auant que de luy preſenter les auertiſſemens ordinaires pour faire ſa leçon ; & puis apres l'auoir ainſi tenu quelque temps en ceruelle,
& en apprehenſion des meſmes châtimens, il commencera à reprendre ſa premiere maniere
de proceder, & le fera obeïr par force, ou par amour ; & en cas que s'y voyant attaché, il commence à faire ſa leçon de luy-meſme, il le laiſſera continuër quelque peu en cette bonne volonté, puis il l'arreſtera tout court, & le flattera, & le fera détacher, à fin de ſonder s'il retom-
bera en ſa meſme faute, & y retombant, il le fera derechef rattacher promptement, & luy
monſtrera à bons coups d'éperon, auec quelques paroles rigoureuſes, que ſa deſobeïſſance
luy

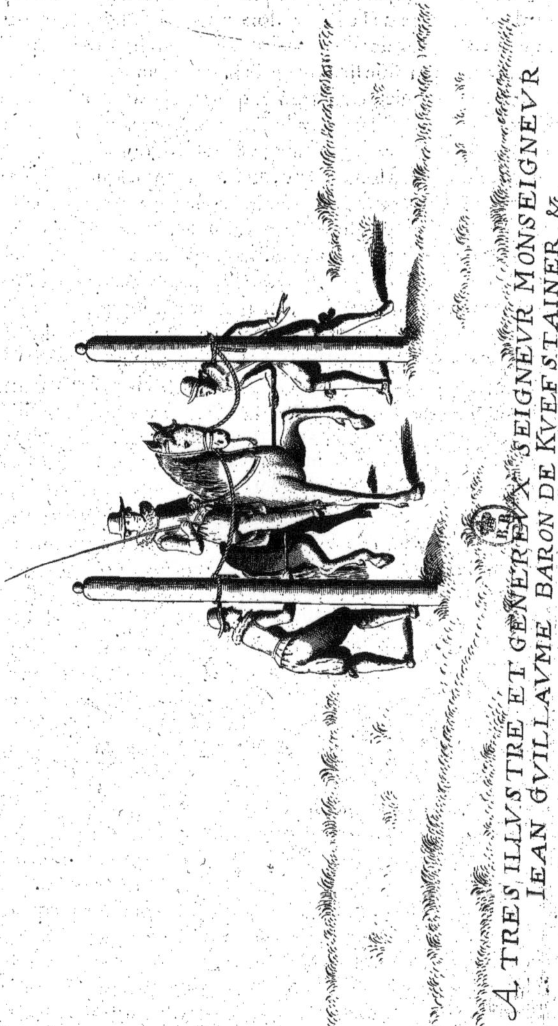

A TRES ILLVSTRE ET GENEREVX SEIGNEVR MONSEIGNEVR
IEAN GVILLAVME BARON DE KVEFSTAINER. &c.

luy déplaiſt, & le retiendra là iuſques à ce qu'il ait obey, puis le fera détacher & s'éforcera de le faire obeïr auſſi bien ſans piliers, qu'auec iceux, & le demontera.

Et s'il reconnoiſt qu'vne gayeté luy face pluſtoſt faire quelque eſcapade, que mauuaiſe volonté qu'il ait de ſe defendre de ſa leçon, lors au lieu de le faire rattacher au pilier, il fera ſeulement prendre l'vne des cordes du caueſſon à quelques hommes de pied, qui le ſçachent retenir droit & ferme en vn meſme lieu, & apres il pourſuyura par la meſme voye à en tirer ſa raiſon ſans le battre, ny l'inquieter aucunement. Conſidere que iamais il ne faut tourmenter vn cheual qui ſe rend libre & gaillard ſous le Caualier; parce que ceſt choſe tres aſſeurée que telle gaillardiſe ne part que d'vn bon courage & releué, qui ſe diſpoſe à faire tout ce qu'il pourra pour donner du plaiſir à ſon maiſtre, & d'en tirer quelques careſſes; & lors qu'il luy aura obey en cette ſorte, il le flattera, & reprendra les deux cordes du caueſſon, & puis l'obligera à pourſuyure ſa leçon, auſſi bien ſous ſa main, que s'il eſtoit encore retenu par l'vn ou par ces deux hommes, & dés auſſi-toſt qu'il luy aura fait preuue de ſa bonne volonté, il le careſſera, & le menera à la muraille, au long de laquelle il le pourmenera, en l'arreſtant de trois en trois pas, & luy preſentant les meſmes auertiſſemens qu'il luy aura donné entre les deux piliers, à fin d'experimenter quel profit il en aura receu, & auenant qu'il y face quelque trepignement de bonne volonté, il le careſſera fort & le demontera.

Pour la quatrieſme leçon, il le remenera à la muraille où il le l'y trauaillera ſelon l'ordre precedent, & connoiſſant qu'il trepignera librement & ſans contrainte, il commencera à luy faire fournir quelques courbettes entre ces trepignemens, ce qui luy ſera fort facile en luy en preſentant le temps & l'aide, tant de la main que des iambes, qu'on a accouſtumé de luy donner pour les faire; & dés qu'il aura fait vne courbette, il le fera encore trepigner, & continuera à le hauſſer vne fois; puis l'ayant fait battre & hauſſer aſſez de fois, il fera fin à ſa leçon. Mais s'il faiſoit difficulté de ſe hauſſer parmy ces trepignemens, ou de trepigner apres s'eſtre hauſſé, lors il faudra qu'il vſe de ſa patience accouſtumée; & auenant qu'il ſe rende difficile à ſe leuer, il le fera marcher deux ou trois pas en auant, puis il le leuera, & tout auſſi-toſt qu'il reprendra terre, s'il ſe met à battre ſans qu'il l'en auertiſſe du petit doigt, ou des talons, il l'entretiendra quelque peu en cette volonté, pour éprouuer ſi elle ſera bonne, ou forcée par la colere; en luy repreſentant le temps de ſe hauſſer, ce qu'il fera s'il n'a point de fougue en teſte, & en ayant, il l'en recherchera iuſques à ce qu'il ſoit leué; & ſelon la difficulté qu'il y aura, ſi elle eſt grande, il le doit leuer trois ou quatre fois conſecutiuement ſans le laiſſer trepigner; mais ſi ce defaut ne vient qu'à faute d'habitude, au lieu de le faire battre plus diligemment, il yra plus doucement & lentement le ſollicitant du talon, à fin qu'il ait plus de commodité de ſe diſpoſer à ſe leuer dés qu'il luy en preſentera l'ayde; parce que c'eſt choſe toute aſſeurée, que ce manquement de promptitude ne part que d'vne difficulté qu'il a de s'imaginer comme il peut conioindre le trepignement auec la courbette: & continuant cét ordre il aura ſon cheual en trois ou quatre autres leçons bien determiné, & bien faiſant cette courbette entre ce trepignement. Et ſi auſſi apres s'eſtre hauſſé il ſe retenoit tout court ſur les quatre pieds, reprenant terre, penſant deuoir faire fin de luy-meſme à l'exercice; pour luy faire entendre qu'il le doit continuer dés qu'il ſent qu'il commence à ſe baiſſer pour reprendre terre, il luy doit faire ſentir ſon talon, & à l'inſtant qu'il eſt à terre, continuer à les luy donner tous deux l'vn apres l'autre; ce que faiſant, il luy oſtera tout ſujet de ſe retenir, & de vouloir finir de ſoy-meſme.

Quand il ſçaura faire cette courbette, ou deux, ou tant qu'il en voudra entre ces trepignemens, il luy ſera fort facile de les luy faire conuertir en balotades, en le ſolicitant de la gaule à ſe leuer du derriere, dés qu'il aura le deuant en l'air, parce que les ſçachant deſia faire, qu'il ne manque ſeulement que d'auertiſſement; & quoy que pour la premiere fois il n'y réponde pas ſi bien que s'il ne luy demandoit autre choſe; ſi connoiſtra-il en trois iours, que ne le forçant point, il luy en fournira auſſi diſpoſtement, & autant que de courbettes; mais dés qu'il

aura

auɽa le derriere en l'air, foit qu'il luy en vueille demander encore vne ou deux, il faut qu'il luy prefente toufiours l'aide de hauffer le deuant ; parce qu'à fin de reprendre il eft neceffaire qu'il foit affeuré du derriere, autrement tous fes mouuemens fe feroyent fur les dents, qui feroit chofe fort l'aide à voir.

Et d'autant que l'air & la mufique des Carozels fe finit toufiours à cháque paufe par vne note longue, & qui donne affez de loifir au Caualier de faire faire vne capriole à fon cheual, il faut qu'apres qu'il y fera bien dreffé aux courbettes & balotades, qu'il le face toufiours caprioler deuant que de l'arrefter, foit pour luy laiffer prendre aleine, foit qu'il vueille mettre fin à fa leçon : Et à fin de luy en faciliter la prattique, au commencement qu'il l'en recherchera, il l'obligera de luy en fournir à tout le moins trois de fuite, & le l'y entretiendra toufiours fans en accroiftre ou diminuer le nombre, iufques à ce qu'il les fourniffe gaillardement, puis felon qu'il aura de force & de courage, il les luy pourra augmenter ou diminuer, à fin que quand ce viendra tout à bon efcient qu'il le voudra monftrer, il le trouue mieux difpofé à n'en faire qu'vne, & à reprendre terre & pourfuyure fes battuës : Et pour bien maintenir fon cheual en cét exercice, il ne le doit aucunement faire courir, mais bien fe contenter d'en tirer fon plaifir, & d'en donner à fes amis.

Comme il faut fe comporter à la carriere, pour faire de belles & iuftes courfes à la bague.

TITRE XII.

'V N des plus honorables exercices du Caualier, eft celuy de la carriere, tant pour y rompre la lance, que pour courre la bague, attendu que c'eft le lieu où il peut faire preuue de fon adreffe, auffi bien que de fon courage, & quafi tout de mefme que s'il auoit à fe battre à bon efcient contre fon ennemy ; & partant faut-il que le Gentilhomme, qui eft né pour la guerre fur tout le refte du monde, commence de bonne heure à s'y façonner, à fin que l'école le rende fi adroit aux armes, qu'il femble que la dexterité foit née auec luy, fuyant tant qu'il pourra de fe mettre de la partie de ceux qui font bien, que premierement il n'ait acquis par bonne & longue prattique tout ce qui eft neceffaire à la perfection des belles, bonnes, & iuftes courfes, pour éuiter que fes actions ne feruent que de trompettes pour publier le merite & la valeur de ceux à qui il fe voudroit parangonner.

Or pour paruenir au poinct de cette perfection, le Caualier doit auoir la connoiffance & l'intelligence de beaucoup de parties patticulieres, qui font ce tout qu'il pourchaffe conftamment, pour s'en voir auffi-toft honoré & bien voulu que poffeffeur ; & premierement, que toute carriere fe fait ouuerte, ou bordée ; qu'elle eft courte, ou longue ; haute, ou baffe ; & le plan en tel lieu que le cheual ne puiffe aucunement reconnoiftre la lance à fon ombre, d'autant qu'elle le pourroit diuertir d'attendre fa volonté pour partir & aller à la bague eftant fujet aux inquietudes ; ou qu'elle luy donneroit tel fujet d'apprehender le lieu où il la doit rompre, qu'il ne s'y porteroit qu'en foupçon, & partant defvny, penfant pluftoft à s'en dérober, eftant ouuerte, qu'à faire vne belle courfe ; que la bordée doit auoir pour le moins deux grã pieds de large, & comment qu'elle foit, qu'elle doit pluftoft vn peu monter que defcend fin que le cheual en coure plus affeurément, & que le Caualier l'ait plus libre & de m appuy à la main, tant en courãt qu'en le parant ; que la longueur en doit eftre de quatr bons pas depuis le partir iufques à la bague, & de la moytié d'autant par delà iufqu

T

tie; & que d'autant plus longue qu'elle fera, d'autant plus haut faut-il faire defcendre le fer de la lance en la couchant, & que tant moins au contraire fe doit-il tenir haut en partant, qu'elle fera courte.

Quant à la lance, que la longueur en foit proportionnée à la taille du Caualier, de forte que s'il eft gros & grand, qu'elle doit eftre longue, forte & groffe au fond des canaux; & s'il eft petit, courte, legere & mince au fond d'iceux, à fin qu'elle n'en découure point trop l'vn, ny n'en cache point trop l'autre dedans la carriere; & tous deux doiuent eftre fi proprement couuerts, que leurs habits femblent autant donner de grace à leurs courfes & dexteritez, qu'eux-mefmes à l'exercice; & fi bien montez, que la taille de leurs cheuaux foit mefmement correfpondente à leur grandeur ou petiteffe; car comme c'eft chofe ridicule, de voir vn grand homme fur vn petit bidet; ainfi eft-ce chofe de mauuaife grace de voir vn petit nain fur vn grand cheual.

TOutes ces chofes prefuppofées en l'eftat de leurs perfections, & chácun d'eux couuert & monté à fon auantage, droit en felle, fermement anerué fur les étrieux également tendus, fon chappeau fi bien fur la tefte qu'il ne luy puiffe tomber à terre, & tenant les rénes fi bien en main que fon cheual n'en foit empéché de courir rondement, ny tant abandónnées, qu'il ne fe fente toufiours fous vn bon appuy, & felon qu'il a la bouche dure, ou delicate, à fin d'en eftre plus feur à la courfe, & de l'eparer de meilleure grace; il ira vifiter la bague, qu'il ne doit pour fon honneur reuétir de papier blanc à la façon de ceux qui veulent que tout le monde fçache qu'ils ont courte veuë, encore que ce foit vn grand defaut de nature en vn Caualier, confideré que quiconque fait profeffion des armes, doit auoir bon œil, bon bras, & bon pied; & la pendra tellement au bafton de la potence qu'elle luy defcende quafi iufques au haut du front, fans apprehender qu'elle le puiffe offenfer lors qu'il paffera par deffous, d'autant que s'il fait vn dedans comme il pretend, il s'en tirera par ainfi hors du danger; & n'en faifant point, d'autant que fon cheual courra viuement & furieufement, tant plus fe trouuera elle plus haute que fon front, qui en eft éloigné par fes mouuemens étendus, ainfi qu'il fe pourra facilement perfuader fe reprefentant vn leurier apres vn lieure, qu'il pourfuit de fi grande vifteffe qu'il femble froiffer la terre; mais elle doit eftre enuiron deux doigts hors la droitte ligne qui fend la carriere par le milieu, & retirée vers la potence, & non pas dauantage, comme font quelques vns qui la mettent fi pres de la muraille, qu'il femble qu'ils ayent marchandé à l'abattre, ou y faire bréche, ou qu'ils craignent d'en eftre blefiez paffans par deffous: & les bons Caualiers la tiendroyent toufiours droit fur le poinct de la ligne qui répond au milieu de leur front, comme diuifant leur face en deux parties fans en apprehender le rencontre, n'eftoit que leurs lances fe trouuent plus belles quand elles panchent quelque peu vers la potence; & cela fait il prendra la lance d'vn vifage riant; & fans affaitterie il la plantera fur le milieu de fa cuiffe, & de telle forte que lapointe bien éleuée s'abbaiffe vers l'oreille gauche de fon cheual, comme font ceux qui veulent que toutes leurs actions les facent paroiftre des autres Mars; & s'en ira droit de corps fans retirer l'épaule droitte en arriere au bout de la carriere, où il tournera fon cheual pour y rentrer, le luy retenant le plus paifiblement qu'il pourra droit, ferme & attentif au temps du partir, fur lequel il luy fera faire deux ou trois pas par le droit fort doucement auant que de luy rendre la main pour le mettre au galop, à fin de le pouffer à toute bride, fi faire fe peut; autrement il le laiffera partir plaifam ̃ent dés auffi toft qu'il l'aura reprife pour éuiter toute confufion, s'empéchant bien de luy ̃er trop de fougue par quelque mouuement de iambe mal confideré, parce qu'outre ce ̃ paroiftroit de mauuaife grace, qu'il luy feroit auffi rompre à tout moment la iufte ̃e fa courfe, qui l'empécheroit auffi de porter fa lance de droit fil, à caufe qu'il feroit ̃'en hauffer & rehauffer, baiffer & rebaiffer le fer, felon que le cheual s'eftendroit

pour

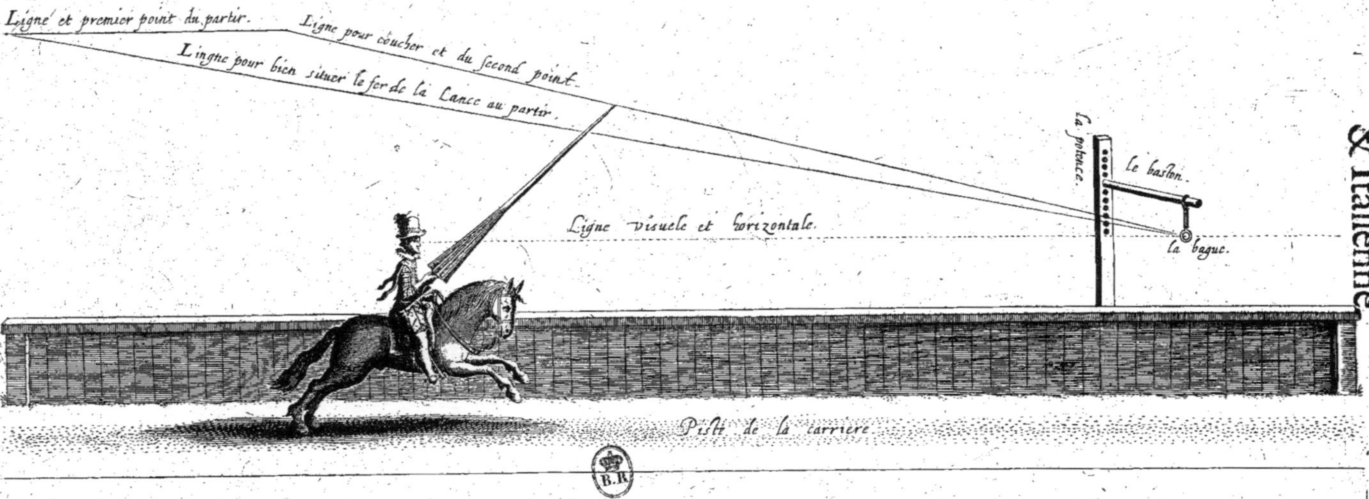

A TRES ILLUSTRE ET GENEREUX SEIGNEUR MONSEIGNEUR WOLFFGANG BARON DE STUBENBERG SEIGNEUR EN KAPFENBERG STUBEGG ET GUETTENBERG. &c.

pour obeïr au temps de la iambe, fe fentant plus áprement talonné que fa vigueur ne le permettroit.

Pour bien mirer & faire vn dedans, il fe doit imaginer les trois lignes qui fe tirent du dedans de la bague, droit à droit les vnes des autres, comme en ligne perpendiculaire; comme
trois rayons qui prouiennent du Soleil, ou d'vn diamant, l'vne defquelles luy donnera droit
dans l'œil, fans que pourtant il le doiue fermer à demy, à la façon des Canonniers, qu'il ap-
pellera pour ce regard Vifuelle: l'autre répondra droit au bout du fer de fa lance, eftant fur le
poinct du partir; & diuifera l'autre en deux poincts, le premier defquels fera celuy du partir,
auquel il donnera côme la quatriéme partie de la longueur de toute la ligne, qui eft parallelle à la ligne orifontale, ou pifte de la carriere, où il fuppofera fon fecond poinct, fur lequel il
commencera à coucher fa lance; laquelle il doit fi fermement tenir, qu'elle ne puiffe eftre
ébranlée pour quelque furieux partir que face fon cheual, à caufe qu'il luy feroit impoffible
de fe la raffeurer par apres dans la main, ny par confequent prendre la ligne droitte, qui va
du fecond poinct iuftement defcendre dans le milieu de la bague, qui feroit par ainfi fa courfe fans grace auffi bien que fans effet.

Et d'autant que du partir, & du coucher dépend l'honneur de la courfe, il faut que le Caualier foit au partir ferme & droit de corps, & qu'il prenne foigneufement garde oftant la lance de deffus fa cuiffe, que le tronc ne froiffe, ny ne touche quelque chofe telle que pourroit
eftre l'arçon de derriere, & mefmement fes chauffes, qui peuft l'ébranler, à fin de bien coucher fon bois.

Or les vns en ce partir leuent feulement la lance affez haut tenant le fer d'icelle, comme à
vn bout de ligne diagonale fe terminant au milieu de la bague, iufques à ce qu'ils foyent fur
le poinct du coucher, là où ils commencent de la baiffer fi bellement, & de fi bonne grace,
comme il fe voit par cette ligne qui defcend du poinct du coucher, iufques dans la bague,
qu'vn chácun peut iuger que ce n'eft qu'vne mefme ligne iudicieufement bien tirée, & bien
fuyuie: les autres la leuent, & tout auffi-toft la baiffent, & la rehauffent pour coucher par vne
certaine action de bras affez belle à voir, mais affez difficile à bien reüffir; car qui n'y eft bien
ftylé peut pluftoft par hazard, que par experience faire vn dedans, attendu que cette defcente
merite vne grande force de bras, pour eftre fermement foûtenuë, & vne grande prattique
pour eftre droittement, & hautement releuée iufques au poinct de la ligne, où on doit commencer à coucher: D'autres la leuent fort haut; & au poinct de cette éleuation luy font faire
vn tour, par vn mouuement de bras, qui fait affez paroiftre leur dexterité, la l'y retenant ferme & droitte iufques à ce qu'ils baiffent leur bois; d'où ie tire vne refolution, qui eft; que
toutes ces façons de partir dépendent de l'adreffe, & de la grace de celuy qui les prattique.

Mais parce qu'il y en a qui éleuent trop éuidemment hors de mefure le bras, & la lance à
ce partir; & d'autres qui l'ouurent & l'étendent en dehors de telle forte qu'ils ne peuuent le
rapporter en fa bonne fituation, que la lance n'en foit ébranlée par le violent mouuement
qu'il leur faut faire de neceffité pour y paruenir, il faut fçauoir que l'arreft de la lance ne doit
eftre que demy pied plus auancé que celuy des armes, & que le tronc d'icelle ne doit eftre plus
haut que de deux doigts tout au plus, que le mefme arreft, & éloigné tant du cofté que du
bras d'vn pouce, ou de deux doigts; d'autant que fi la lance eftoit fouftenuë d'autre chofe
que du bras, & de la ferme main, ou de l'air, & que le tronc touchaft le bras, le cofté, ou quelque autre partie du corps, elle fe pourroit égarer en dedans, ou en dehors de la carriere; &
partant à mefure qu'il couchera, il ouurira & hauffera vn peu le coude pour y obuier.

Quant au coucher il faut auoir égard à la longueur de la carriere, & à la vifteffe du cheual;
car d'autant plus qu'elle fera longue, d'autant plus haut fera-il defcendre le fer de la lance en
couchant; & tant plus courte qu'elle fera, tant moins le tiendra-il haut en partant & en couchant; & fi le cheual court preftement, & vigoureufement en longue ou courte carriere,

d'autant

d'autant qu'eſtant bien fait à tel exercice il renforce de luy-meſme ſa courſe à meſure qu'il approche de la potence, il doit coucher de telle ſorte, que la ligne qui part du bout du fer de la lance aille couper le poinct du bord d'enhaut de la bague, au lieu de la trauerſer, ſur peine de ne faire le plus ſouuent qu'vne atteinte au bord d'embas, ou tout à faict paſſer ſans toucher.

Et quand il ſera pres de paſſer par deſſous le baſton de la bague, il ſe prendra bien garde d'auancer le corps ny l'épaule droitte, ny de baiſſer la teſte, ny paſsé qu'il ſera, de regarder derriere luy, ou s'il tient la bague:mais d'vne façon gentille il rehauſſera la pointe de ſon bois auſſi haut & droit qu'il pourra, & commencera à retenir plaiſamment ſon cheual pour luy faire faire l'arreſt, que mieux il ſçaura fournir, qui ſera de quatre ou cinq courbettes ou ba-lotades, s'il les ſçait faire, ou d'vne peſade, ou point du tout, s'il auoit la bouche ſi ſenſible qu'elle peuſt eſtre offenſée en le leuant & le ſoûtenant; & apres le parer, le Caualier luy doit faire faire quatre ou cinq pas par le droit, ſoit qu'il le vueille reporter au commencement de la carriere pour faire encore vne courſe, ou qu'il l'en vueille tout à faict ſortir pour s'en aller.

T 3

Pour bien rompre la lance contre le Faquin.

TITRE XIII.

CE T exercice se prattique és bonnes écoles, tant pour façonner le Caualier, que pour accoûtumer le cheual à partir librement de la main sans craindre le rencôtre d'vn autre Caualier, qui pour l'effectuer de bonne grace, & en gendarme, doit porter sa lance ferme, côme si elle estoit en l'arrest des armes, s'il est découuert, & tousiours la tenir en arrest estant armé, depuis le partir iusques à ce qu'il ait donné & rompu. Pour le regard du partir, & du parer, ils sont semblables à ceux qui se font pour aller à la bague ; & toutes les actions de l'vne & de l'autre course se rapportent les vnes aux autres, sinon le coucher de la lance qui se doit faire en croisant d'autant plus sur le col du cheual, que la muraille, ou la palissade de la carriere sera épaisse, & tirant la ligne visuelle d'entre les deux yeux du Faquin, d'autant que le Caualier y doit perpetuellement viser, à fin d'y porter son coup pour bien faire, d'où aussi il tirera vne autre ligne qui aille répondre au bout de sa lance, comme si son œil gauche la faisoit parallelle à celle de l'œil droict, qui est la visuelle.

Il faut aussi qu'il auise à faire partir son cheual auec moins de furie que s'il ne couroit que la bague, d'autant qu'arriuant à huict ou dix pas pres du Faquin, il luy doit donner la plus grande fougue qu'il pourra, à fin que la viuacité de la course luy donne moyen & force de mieux rompre, & à fin aussi que le cheual se sentant vertement talonné de chaque costé, & en mesme temps, n'employe son esprit non plus que ses forces qu'à courir prestement & furieusement, & non à remarquer le lieu du rencontre : Et doit dauantage proportionner la longueur de la carriere, qui doit estre bordée, de peur que le cheual ne se jettast à l'écart en retournant, s'il auoit remarqué le lieu du bris, à sa force & à son courage, & la luy donner plus courte, à tout le moins de dix pas que celle de la bague, depuis le partir iusques au Faquin, à cause que l'effort qu'il fait en rompant, & la longueur de la course le fouleroyent bien tost, & le ruineroyent peut-estre tout à faict, s'il estoit naturellement foible.

Comme

A TRES ILLVSTRE ET GENEREVX SEIGNEVR MONSEIGNEVR BALTASAR BARON
DE SCHRATENBACH. &c.

Comme se doit rompre la lance de Caualier à Caua-
lier, & pour asseurer le cheual à n'en redouter
le bris ny le rencontre.

TITRE XIV.

'Est chose tres-asseurée, que le rencontre que le Caualier fait d'vn autre bien
monté, & pourueu d'vne bonne lance, est bien plus furieux & redoutable que
celuy du faquin, qui ne rend point de combat, au lieu que l'autre employe sa
force & sa dexterité auec la vigueur & vistesse de son cheual pour desarçonner
son champion ; de sorte qu'il ne faut pas s'étonner si vn cheual qui n'a iamais
rompu refuse la lice & le retour, s'il a eu affaire à quelque rude Caualier la premiere fois, ce
qu'il ne feroit neantmoins si auparauant que de luy en faire sentir la rigueur on luy auoit fait
reconnoistre le moyen de s'y conseruer, ou de vaincre son tenant ; ce que ie voudrois qui se
prattiquast tous les quinze iours, & mesmes toutes les sepmaines vne fois és bonnes écoles, à
fin d'y aduire l'écolier aussi bien que le cheual de guerre.

ET pour bien prattiquer cette necessité, supposé que le Caualier ait desia fait gourmander
le faquin à son cheual, & qu'il y aille rompre hardiment, & y fournisse autant de courses
qu'il en voudra tirer par raison;ie serois d'auis que les premieres lances des deux Caualiers fus-
sent fort longues & foibles ; à cause que l'atteinte s'en faisant de loin en estonneroit moins le
cheual qu'on y voudroit asseurer, & qu'estant aussi foible que longue, qu'elle en seroit plus
facile à briser, & qu'il en seroit par consequent moins incommodé.

    Pour le regard de la premiere course, ie voudrois que le soûtenant courut sans porter, à fin
que cette premiere rencontre eust quelque affinité & conuenance à celle du faquin, & que
l'assaillant ne manquast point à rompre, ou à tout le moins de porter coup;& qu'il se fist rencontre de lances à la seconde, mais de telle sorte que le feint ennemy feignist le sien, & que le
Caualier fist voler la sienne en mille éclats; & qu'à la troisiesme chacun se proforçast de rompre à qui mieux mieux : Et s'il arriuoit que le Caualier sentist son cheual étonné de ce furieux
rencontre, il luy feroit faire vne quatriéme course, sans rompré autrement qu'au faquin, tant
pour luy oster l'apprehension sur laquelle il le retireroit, que pour luy faire paroistre que tous
coups ne se ressemblent-pas, encore qu'ils s'entresuyuent ; apres laquelle il le l'y pourmenera
plaisamment trois ou quatre fois en le caressant fort, pour luy témoigner qu'il en demeure
maistre.

    Le second iour les Caualiers rompront tous deux gaillardement par trois fois,& l'assaillant
fera puis apres trois autres courses au faquin, à fin d'accroistre le cœur & le courage à son cheual : & de là en apres il luy en facilitera l'vsage tous les mois vne fois, & toutes les sepmaines
vne autre au faquin,pour luy en faire receuoir l'habitude quasi côme son ordinaire exercice.

    Et quand c'est tout à bon escient que les Caualiers veulent éprouuer ce qu'ils peuuent l'vn
sur l'autre, ou ils se choquent de front, ou passent si pres l'vn de l'autre, qu'ils se heurtent de
telle furie,que c'est à qui fera perdre siege & arçons à son compagnon ; & quoy qu'il y ait du
peril par tout, si est-ce qu'il y en a plus en la premiere façon qu'en la seconde, d'autant que
celuy qui a le plus fort & viste cheual, le poussant comme il faut, terrasse son ennemy, ou du
moins le met en desarroy; d'autant qu'outre le coup de lance qu'il reçoit, son cheual en

reçoit

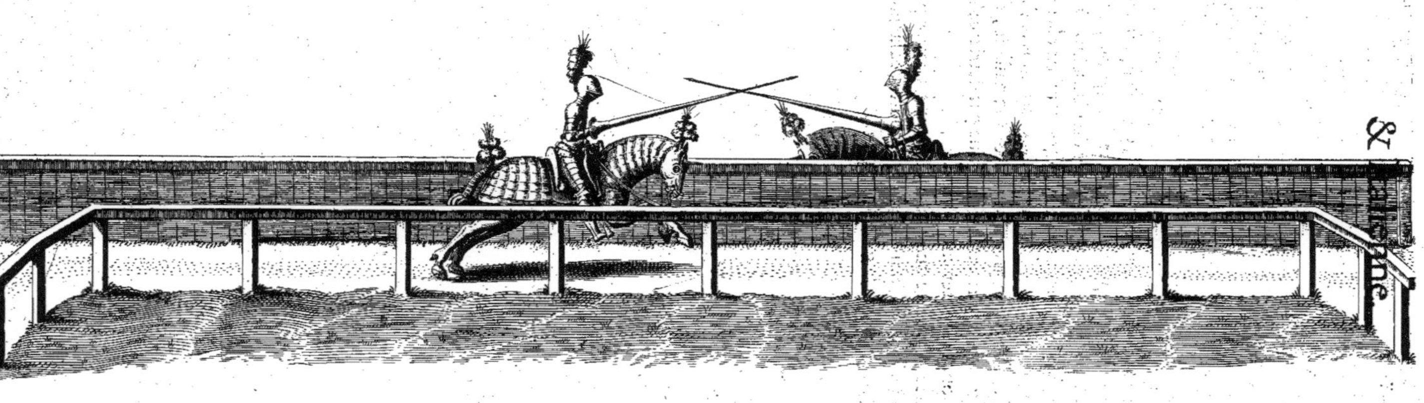

A TRES ILLVSTRE ET GENEREVX SEIGNEVR, MONSEIGNEVR GEORGE LOUYS BARON
DE STARENBERG ET SCHÖNBULL SEIGNEUR EN OBERBVLLACH. &c.

reçoit vn autre fi impetueux, qu'il en eft le plus fouuent abattu, ou fi fort acculé, qu'il en demeure tout éperdu & partroublé.

Et d'autant qu'il importe fort de fçauoir comme fe doit maintenir & ayder le cheual tout le long de ces courfes, il faut que le Caualier fçache, qu'apres que fon trompette aura appellé l'autre, & qu'il en aura receu telle réponfe que tous deux fonneront la charge, qu'il doit auertir fon cheual de la iambe, feulement les huict ou dix premiers pas du partir de pas ou de trot, auant que de luy donner les éperons, lefquels il luy épargnera iufques à fept ou huict pas pres de fon ennemy, où il les luy chauffera vertement, tant à fin de luy faire étendre fes forces, que pour l'empécher de premediter le lieu du rencontre, pour l'efquiuer à la feconde courfe ; & dés qu'il aura pafsé, foit qu'il ait rompu, ou non, il ne manquera-pas à luy ayder à fe difpofer de faire vn bel arreft, fi c'eft feulement pour donner du plaifir aux Dames, & en carriere bordée : mais fi c'eft à bon ieu bon argent, & à la campagne, il mettra la main à l'épée tout incontinant qu'il en aura fait voler les éclats, & luy prefentera le temps & l'ayde, tant de la main de la bride que de la iambe, pour le remettre fur la pifte de fa paffade, de peur que fon ennemy ne fe preualuft de fon coup en le trauerfant de la fienne par derriere s'il l'auoit entiere, ou qu'il ne fe voltaft le premier pour luy fauter en crouppe.

Quant au port de lance, confideré que chácun eft armé, chácun par ainfi la doit toufiours tenir en arreft, & la croifer d'autant plus qu'elle fera courte, & la tenir plus forte & ferme en main, que s'il n'auoit qu'à la rompre à la tefte du faquin.

Du

Du combat d'homme à homme à l'épée blanche.

TITRE XV.

SI ceux qui viuent és cours des Princes ne se peuuent promettre à leur réueil, ny s'asseurer en se leuant de pouuoir passer la iournée sans mettre l'épée hors du fourreau leur honneur sauue, tant il faut employer de peine & d'artifice pour côplaire aux plus petits aussi bien qu'aux plus grands, ne plus ne moins que le Patron en haute mer, qui quoy qu'au milieu d'vne bonace si grande que selon son effet, il n'en doiue esperer qu'vn bon port, qui n'oze pourtant en iurer qu'il n'y voye son vaisseau à l'ancre, tant est incertain l'éuenement de tout ce que nous nous proposons en ce monde; & que plusieurs y flattent si fort leurs ambitions, qu'ils semblent n'auoir point de vie, que pour la perdre à dessein de ruïner d'honneur & de reputation ceux qu'ils s'imaginent faire trop d'ombrage aux passions qu'ils ont de paroistre ce qu'ils ne sont, ny ne peuuét estre; & s'il faut toutesfois qu'il y ait rousiours vn grand nombre de courtisans à la suitte des Princes, pour en auoir à choisir quand il est question d'y faire quelque coup d'estat; & si ce n'est encore assez à celuy qui semble y estre bien veu & voulu de tout entendre, tout y voir, & se taire de toutes choses : mais que c'est vn faire le faut, qu'il faut qu'il ait bon cœur, bon pied, bon œil, & bonne épée, pour s'y maintenir en homme de bien, & pour s'y battre fort & ferme à pied & à cheual, selon que l'occasion luy en donne de sujet. I'auise celuy qui sera proforcé d'en venir aux prises, de commencer sa defence par l'inuocation du haut & iuste Iuge de toutes nos intentions, & de qui procedent toutes sortes de victoire, à fin que se mettant en sa protection il puisse asseurément faire teste à son ennemy, à qui il ne se presentera point pour se battre, s'il m'en veut croire, qu'il n'ait auparauant tenté toute voye de reconciliation; & en cas de dény qu'il n'ait mis son cheual en estat de bien faire, pour en sondant sa volonté tirer quelque coniecture de l'issuë du combat.

Et si l'on tient que les armes soyent iournalieres, insensibles toutesfois, & qui taillent & percent à toutes heures, & à tous iours de la semaine, quand elles sont bien employées; à plus forte raison doit-on croire que le cheual est en meilleure humeur vne heure que l'autre, comme sensible & susceptible de la disgrace, aussi-bien que de la faueur des influences celestes ; tout de mesme que l'homme qui se voit sain & malade, selon que le temps va : ce qui me fait dire, qu'il n'est rien tel en telles parties, que d'auoir deux, voire trois bons cheuaux, & de se tenir sur celuy qu'on trouue à telle iournée le plus doux & obeyssant à sa main.

Le

LE Caualier donc s'eſtant monté à ſon auantage pour ſe trouuer au lieu & lict d'honneur, ſe doit defendre de deux coups, qui ſe preſentent ou ſe donnent d'abord, l'vn, à ſçauoir ſur le nez du cheual, & l'autre qui luy coupe les rénes deſſous la main ; coups ſi dangereux, qu'ils luy porteront la mort en crouppe s'il ne les eſquiue, parce que le nez de cét animal eſt vne partie ſi ſenſible, que quand il y eſt vne fois offensé, qu'il n'a plus d'yeux pour reuoir ſon ennemy ; & que c'eſt fait de luy auſſi bien que du Pilote ſans gouuernail au milieu de la mer, quand vne fois il a perdu ce dont il fait aller ſon cheual au ſecours de ſa neceſſité.

Le moyen de les preuenir depend de ſon iugement, de ſon experience, & de ſon adreſſe tout enſemble, en tant qu'il doit iuger de l'intention de ſon ennemy par les actions & mouuemens qu'il fait tant de la main de la bride, que de celle de l'épée, ſur leſquelles pour ce regard il doit perpetuellement tenir ſa veuë arreſtée, à fin de luy rompre ſes coups, & porter les ſiens par ſa dexterité où il le voirra le plus découuert : Et pour ſe bien couurir de ſon épée, ie luy laiſſe à choiſir la garde de laquelle il croira ſe pouuoir mieux defendre, ſçachant bien que chacun en ſon particulier eſt naturellement porté plus à l'vne qu'à l'autre, & que par ainſi ce ſeroit mal conſeiller celuy qui eſt né auec la quarte, de ſe tenir en ſeconde, ou en tierce, ou en premiere, me contentant de l'auertir de porter la main de la bride ſi pres des crins de ſon cheual, que ſon ennemy ne luy en puiſſe faire tomber les rénes, & d'ayder à ſon cheual à prendre la demie volte, qui ſe fait ordinairement au bout des paſſades, dés auſſi-toſt qu'il ſera paſsé, pour éuiter en tournant bride & viſage le coup de la mort, qu'indubitablement il receuroit s'il ſe laiſſoit gaigner la crouppe, ainſi que les bons Caualiers ſçauent ; ce qui me donne ſujet de faire fin, priant le Dieu des armes & armées de cœur & d'ame, de combler de felicité le Regne & les Royaumes, Païs, & Seigneuries des Princes, qui font, & feront inuiolablement garder leurs Defenſes & Edicts, tant ſur le faict des rencontres premeditées, que ſur celuy des duels, qui n'enrichiſſent que le fils de perdition.

A Dieu ſeul ſoit gloire & honneur.

F I N.

A TRES ILLVSTRES ET GENEREVX SEIGNEVRS MES SEIGNEVRS GABRIEL, ET LVC
SZEMETH BARONS DE IELNA. &c

TABLE
DES TRAICTEZ,
ET DES TITRES CONTENVS EN
ce premier Tableau de Caualerie.

Table des Traictez.

Troiſieſme Traicté.

F I N.

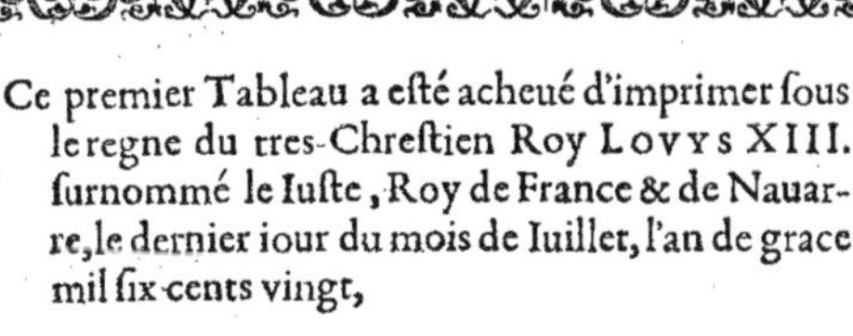

Ce premier Tableau a eſté acheué d'imprimer ſous
le regne du tres-Chreſtien Roy Lovys XIII.
ſurnommé le Iuſte, Roy de France & de Nauarre, le dernier iour du mois de Iuillet, l'an de grace
mil ſix-cents vingt,

A LYON,

Par Clavde Morillon, Libraire & Imprimeur de Mad. la Ducheſſe de
Montpenſier.

PRIVILEGE DV ROY.

LOVYS, par la grace de Dieu Roy de France & de Nauarre : A nos amez
& feaux Confeillers les gens tenans nos Cours de Parlement, Baillifs, Se-
nefchaux, Preuofts, ou leurs Lieutenants, & autres nos Iufticiers & Officiers,
& à chafcun d'eux ainfi qu'il appartiendra, Salut. Noftre bien amé Claude
Morillon, marchand Libraire & Imprimeur demeurant à Lyon, Nous a
faict remonftrer, qu'il a recouuert vn Liure, intitulé : *La Caualerie Françoife
& Italienne, diuifee en quatre Tableaux : Le premier eft, l'Art de bien dreffer les Cheuaux, tant pour le
plaifir de la Carriere, & des Carozels, que pour le feruice de la Guerre : Le fecond, Des Bouches & Emboucheures des Cheuaux : Le troifiefme eft, Des Haras : Et le quatriefme eft, De l'Anatomie du Cheual,
auec les remedes pour le guerir de toutes les maladies dont il eft fubjet : Compofé par le Sieur de la Noüe,
Gentilhomme François.* Lequel il defireroit mettre en lumiere s'il auoit fur ce nos Lettres à ce
requifes & neceffaires : A ces caufes defirant bien & fauorablement traitter ledict expofant,
& qu'il ne foit fruftré des fruicts de fon labeur, luy auons permis & octroyé, permettons &
octroyons de grace fpeciale par ces prefentes, imprimer, ou faire imprimer, conioinctement
ou feparément ledict Liure ; iceluy mettre & expofer en vente, & diftribuer durant le temps
de dix ans, à commencer du iour qu'il fera acheué d'imprimer : Deffendant à tous Libraires,
Imprimeurs, Eftrangers, & autres perfonnes, de quelque qualité qu'ils foyent, d'imprimer, ou
faire imprimer, ny mettre en vente durant ledict temps ledict Liure, fous couleur de fauffes
marques, & autres defguifemens, fans le confentement & permiffion dudict expofant, ou de
celuy ayant charge de luy, fur peine de confifcation d'iceux, de trois mil liures d'amende, &
de tous defpens, dommages, & interefts enuers luy ; à la charge d'en mettre deux exemplaires
en noftre Bibliotheque publique, à prefent gardée au Conuent des Cordeliers de cette Ville,
auant que les expofer en vente, fuyuant noftre reglement, à peine d'eftre defcheu du prefent
Priuilege. Si vous mandons, que du contenu en ces prefentes, vous faciez, fouffriez, & laiffiez
iouyr ledict Morillon plainement & paifiblement, & à ce faire fouffrir & obeyr tous ceux
qu'il appartiendra, Et en mettant au commencement, ou à la fin dudict Liure ces prefentes,
ou vn bref extraict d'icelles, Voulons qu'elles foyent tenues pour deuëment fignifiées; & qu'à
la collation foy foit adiouftée comme au prefent Original. Car tel eft noftre plaifir. Donné
à Paris le fixiefme iour de Feurier, l'an de grace mil fix cents vingt. Et de noftre regne le
dixiefme.

Par le Roy en fon Confeil,

RENOVARD.

Et feellees du grand Seau en cire iaune, en fimple
queuë pendant.